Bags & Pouches for Happy Everyday

Bags & Pouches for Happy Everyday

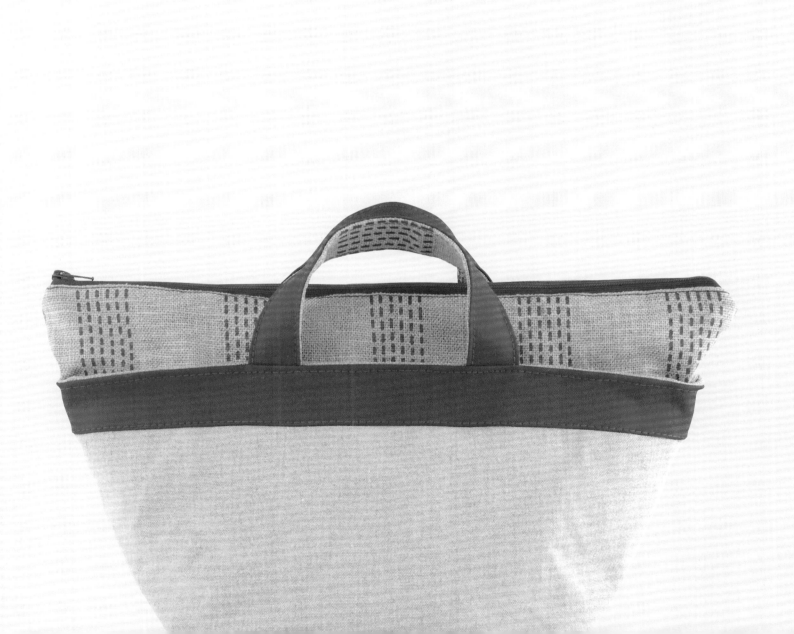

本書收錄各式令人愛不釋手，
每天都想使用的提袋與收納包。
只要按照指示一步步細心縫製，
就一定能作出完美的作品。
歡迎與我共同體驗手縫的樂趣，
為自己或他（她）製作可愛又有質感的包包吧！
在此，向所有協助此書完成的相關人士，
致上最深的謝意。

赤峰清香

赤峰清香の *Happy Bags*

簡單就是態度！百搭實用的
每日提袋&收納包

赤峰清香◎著

CONTENTS

17
P.32
木製口金肩包
作法 | P.82

18
P.33
筒狀肩包
作法 | P.84

19
P.34
提籃形托特包S
作法 | P.86

20
P.35
提籃形托特包M
作法 | P.86

21
P.36
收納包L
作法 | P.88

22
P.36
收納包S
作法 | P.88

23
P.38
水壺袋
作法 | P.90

24
P.39
直立長形束口袋
作法 | P.92

25
P.39
橫寬形束口袋
作法 | P.92

26
P.40
杯狀手拿包L
作法 | P.94

27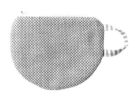
P.40
杯狀手拿包M
作法 | P.94

28
P.40
杯狀手拿包S
作法 | P.94

29
P.41
長形拉鍊手拿包
作法 | P.42

全圖解教學
作法LESSON

TECHNIQUE LESSON

兩用基本款托特包

帆布、條紋、兩用，集結所有人氣要素的
經典款托特包。基本設計款，完全不退流
行，只要作點顏色與素材的變化，就能作
成男女兼用包。

作法 | P.50

表布＝原創條紋亞麻帆布（紅邊×漂白×駝色）
　　／倉敷帆布（株式会社BAISTONE）
裡布＝棉厚織79號絲光加工（#3300・19山吹色）
　　／富士金梅®（川島商事株式会社）

加裝D形環的肩背袋可調節長度。
可隨喜好換成單肩包或斜背包。

裡布大膽使用明亮山吹色布料，非常吸睛。
內側則有單邊固定口袋。

技巧教學
TECHNIQUE LESSON
鉚釘安裝方法
小小鉚釘‧大大設計。

準備工具

鉚釘腳　鉚釘頭

木槌　錐子

打台　敲打棒

打板

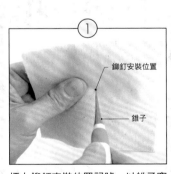

①

鉚釘安裝位置

錐子

標上鉚釘安裝位置記號，以錐子穿出孔。

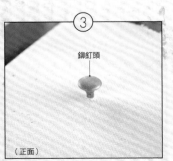

②

鉚釘腳

（背面）

打台

打板

將鉚釘腳從布料背面穿至正面。將打台置於打板上。

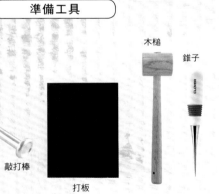

③

鉚釘頭

（正面）

鉚釘頭自正面覆蓋住鉚釘腳。

④

← 木槌

敲打棒

（正面）

敲打棒對準鉚釘，垂直揮動木槌將鉚釘敲合。

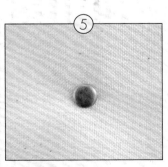

⑤

完成。

02

將兩側掛耳上的壓釦扣合，
就能變成圓鼓鼓的可愛梯形造型。

02

十字花紋手提包

鮮紅與亮灰的配色，營造出洗練成熟感。十字印花圖
樣及同樣構成十字的袋底襯布都是設計重點，十字袋
底襯布還具有補強袋底的功能。

作法 | P.8

比外觀看起來更大的收納空間，
再多攜帶物也能完全收納。

表布＝10號帆布石蠟加工・Navy Blue Closet（#1050-9 紅 Cross柄）
裡布＝棉厚織79號絲光加工（#3300・28 深紅）
配布A＝10號帆布石蠟加工（#1050・9 紅）
配布B＝11號帆布（#5000・21 淺灰）／富士金梅®
（川島商事株式会社）

P.6 | **02**

十字花紋手提包

（完成尺寸）
寬25cm×高30cm×側身21.5cm

（原寸紙型）
無

材料

表布（10號帆布石蠟加工）	……………	112cm×60cm
裡布（棉厚織79號）	……………	112cm×65cm
配布A（10號帆布石蠟加工）	……………	35cm×30cm
配布B（11號帆布）	……………	55cm×20cm
四合釦（塑膠）14mm	……………	1組
接著襯（薄）	……………	10cm×10cm

裁法圖

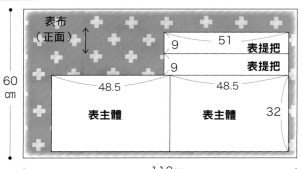

表布（正面）

60cm

| 9 | 51 | 表提把 |
| 9 | | 表提把 |

| 48.5 | 48.5 | |
| 表主體 | 表主體 | 32 |

112cm

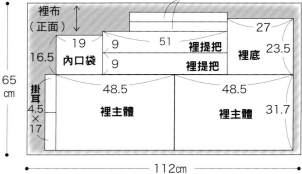

綁繩 40×4

裡布（正面）

65cm

19	9	51	裡提把		27
16.5	內口袋	9	裡提把	裡底	23.5
掛耳 4.5×17	48.5	裡主體		48.5	裡主體	31.7

112cm

配布A（正面）

30cm

| 27 | |
| 表底 | 23.5 |

35cm

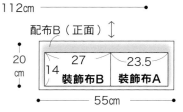

配布B（正面）

20cm

27	23.5
14	
裝飾布B	裝飾布A

55cm

製作重點 P

由於袋底呈四角形，所以主體四角處的縫份皆須剪開0.8cm的切口。袋底中央點與袋身脇線對齊，再將切口完全打開對齊袋身尖角進行縫製，就能縫出漂亮的袋底。

※此處為了方便說明，特意使用不同顏色布料與縫線

1 縫前準備

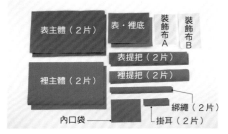

①布片標上記號並進行裁剪。

2 製作提把

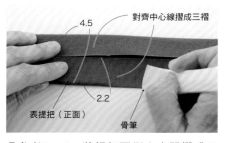

對齊中心線摺成三褶
4.5
2.2
表提把（正面）
骨筆

①參考P.47，將提把兩側向中間摺成三褶，並以骨筆押出摺痕。

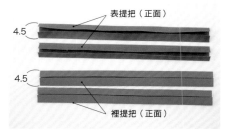

表提把（正面）
4.5
4.5
裡提把（正面）

②裡提把同樣摺成三褶。

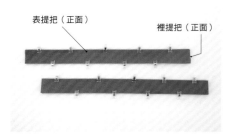

表提把（正面）
裡提把（正面）

③將表裡提把的摺面朝內對摺，並以疏縫固定夾固定。

④沿著側邊0.2cm處車縫。可以縫紉機針板上的格線目測寬度。

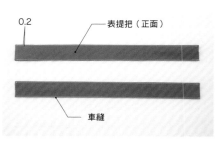

0.2
表提把（正面）
車縫

⑤提把縫製完成。

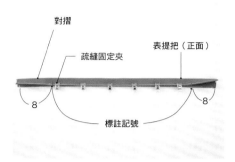

⑥對摺提把並以疏縫固定夾固定。在兩端
　8cm處標上記號。

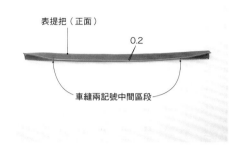

⑦將兩條提把車縫兩記號的中間區段。

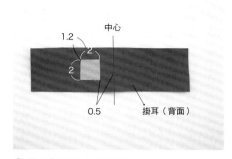

①掛耳背面貼上接著襯。

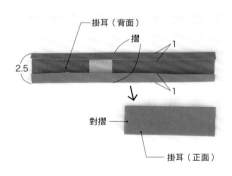

②兩邊向內各摺1cm後對摺。

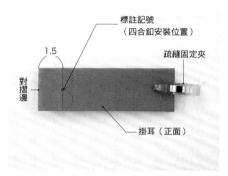

③開口端以疏縫固定夾固定，標上四合釦
　安裝位置。

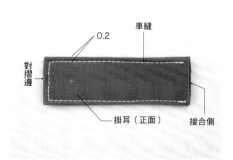

④沿著三邊車縫。接合側不進行車縫。

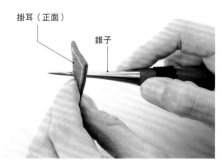

⑤以錐子在四合釦安裝位置上鑽出穿孔。
　重複①～⑤步驟，製作另一個掛耳。

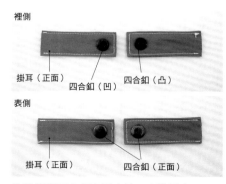

⑥將塑膠四合釦穿過穿孔，安裝固定。

4 製作綁繩

①將綁繩的其中1端向內摺入1cm。

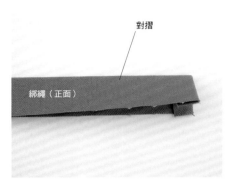

②對摺。

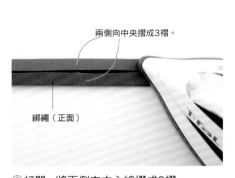

③打開，將兩側向中心線摺成3褶。

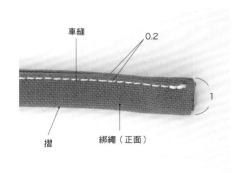

④對摺並車縫。以同樣方式製作另一條綁繩。

5 製作表主體

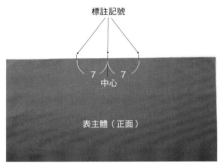

①表主體標上提把接縫位置與中心點（綁繩接縫位置）。

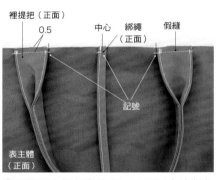

②假縫固定提把與綁繩。以相同方法製作另一片表主體。

③兩片表主體正面相對疊合後車縫兩側。車縫時各須預留1cm縫份。

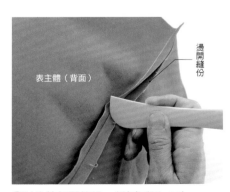

④以骨筆打開縫份。（請參考P.47）

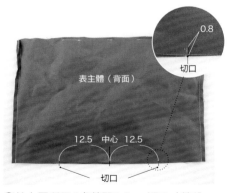

⑤於上圖所示4處剪開0.8cm切口（縫份－0.2cm）

6 製作表底

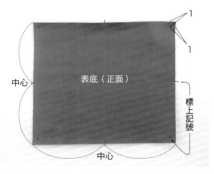

①如上圖所示，於表底零件四邊的中心與四角標上記號。

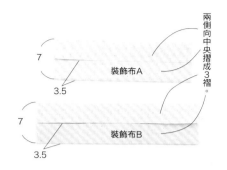

②將裝飾布A・B兩側向中央摺成3褶。

③對齊裝飾布A與表底長邊中心記號，以疏縫固定夾固定。

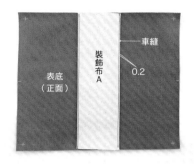

④車縫裝飾布兩側邊緣。車縫位置須與邊緣距離0.2cm。

⑤對齊裝飾布B與表底短邊中心點，與④同樣進行車縫。

7 接合表主體與表底

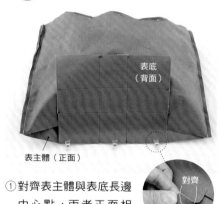

①對齊表主體與表底長邊中心點，兩者正面相對。接著將表主體切口對齊於表底記號，再以疏縫固定夾固定。

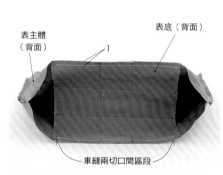

②以主體零件在上方車縫兩切口間區段，此時須預留1cm縫份。

③表底中心點對齊表主體脅線。

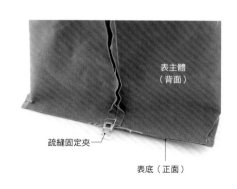

④以疏縫固定夾固定。同樣以表主體零件在上的方向車縫兩切口間區段。

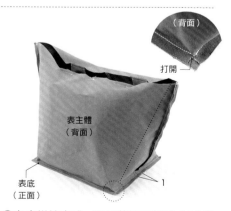

⑤表底拼接完成。只要將切口打開成90度再進行車縫，就能縫出漂亮的袋角。

⑧ 製作裡主體

⑥打開縫份。剪去四角多餘的縫份。

⑦翻回正面。掛耳中心與袋身脇線對齊並假縫固定。

①1cm→1cm將內口袋開口朝正面摺入，共3褶。

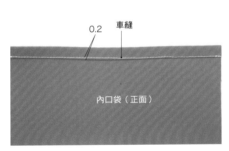

②車縫。

③三邊朝背面各摺入0.5cm。

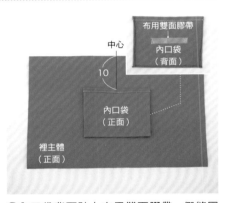

④內口袋背面貼上布用雙面膠帶，假縫固定於裡主體上。

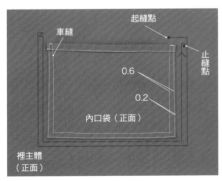

⑤依照上圖所示方向進行車縫。最後的線尾須多留，拉至布料背面後再打結。縫合後便能撕掉布用雙面膠帶。

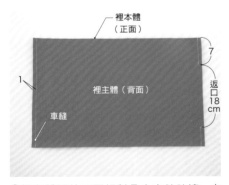

⑥裡主體兩片正面相對疊合車縫脇邊，車縫時須預留返口。

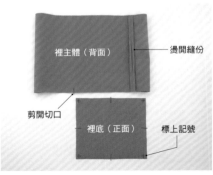

⑦燙開兩側縫份。返口處1cm縫份也必須完全壓開。與表主體一樣，裡主體部分也須剪開切口，並於裡底標上記號。

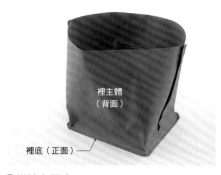

⑧拼接上裡底。

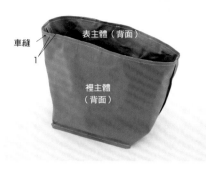

①將表主體放入裡主體中。對齊脇線、中心點後以疏縫固定夾固定再進行車縫，車縫時須預留1cm的縫份。

②燙開縫份。

③自返口翻回正面。

④整理袋口，以疏縫固定夾固定。

⑤沿著袋口邊緣車縫，須預留0.2cm縫份。

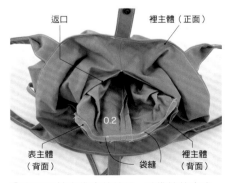

⑥自返口拉出袋底的縫份，以袋縫的方式車縫表底與裡底的縫份約10cm。

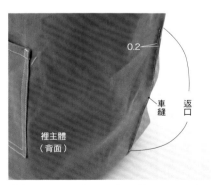

⑦放回縫份，整理形狀。整平返口的摺山並縫合。

完成。

03 (M)

04 (S)

附拉鍊帆船包　M・S

雙色潮款帆船包。全四角袋底，整體依照黃金比例打造，看起來更漂亮。包口加裝含襯布拉鍊，不僅具有隱密性，收納空間也更大。

作法 | P.53

裡布特別選用可愛印花布料，
每一次打開包包都能期待小小的樂趣。

03（M）
表布＝10號帆布石蠟加工（#1050・12深靛藍）
裡布＝棉厚織79號絲光加工（#3300・21 粉末藍）
配布A＝11號帆布（#5000・5淺黃）
配布B＝棉厚織79號・Navy Blue Closet（#3300-9 灰 小鳥圖樣）／富士金梅®（川島商事株式会社）

04（S）
表布＝麻帆布10號／參考商品
裡布＝棉厚織79號・Navy Blue Closet（小鳥圖樣・灰）
配布A＝11號帆布（#5000・ 86.義大利紅）
配布B＝亞麻帆布・Navy Blue Closet（A2821紅 日本傳統刺子繡圖案）／富士金梅®（川島商事株式会社）

05

05

提籃形束口托特包

亞麻帆布的天然質感搭配上黑色提把，簡單自然，非常適合成熟穩重的大人使用。很適合搭配自然整潔、配色溫和的穿著。包口Bobbing work針腳也是精心的設計。

作法 | P.56

使用印花布製成束口袋狀包口，能完全保障個人隱私，而且收納空間更大。

表布＝麻帆布10號／參考商品
裡布＝棉厚織79號絲光加工（#3300・8 沙米白）
配布A＝11號帆布（#5000・4 黑）／富士金梅®
（川島商事株式会社）
配布B＝棉厚織79號・Navy Blue Closet
（#3300-8米白色 小鳥圖樣・金蔥）

非常方便的內口袋。

技巧教學

TECHNIQUE LESSON

Bobbing work

包口的裝飾針腳稱為Bobbing work。車縫時，以較粗的縫線當作下線，並從布料背面下針，如此就能在正面作出較粗的裝飾針腳。

將想進行Bobbing work的縫線捲於捲線器上，並設置於縫紉機上。

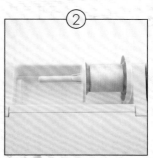

上線須使用與布料顏色相同的縫線並調緊。

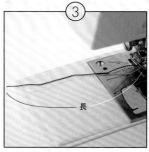

長

拉出一段長縫線。

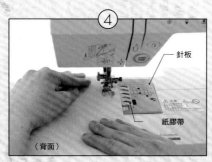

針板

紙膠帶

（背面）

布料背面朝上，一邊觀察布料位置一邊車縫Bobbing work。測量自車針到布邊的縫份後，於針板貼上紙膠帶。這樣只要將布邊對準紙膠帶，就能縫出漂亮的直線。平日縫紉時也能利用此方法，非常方便。

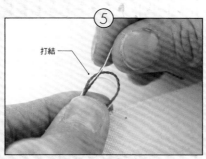

打結

車縫一圈後不須回針縫，直接將線打結即可。

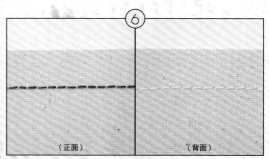

（正面）　　　（背面）

完成。表面為下線縫出的針腳。

圓底束口袋

擁有可愛圓底的籃框狀包包。大膽地將
雙條紋織布傾斜作成斜紋設計。束起袋
口立刻改變造型，束口鬆緊程度不同，
營造出來的風格也不同喔！

作法 | P.59

表布＝雙條紋織（綠）
裡布＝棉厚織79號絲光加工（#3300・19 山吹色）
／富士金梅®（川島商事株式会社）

07

08

簡單又兼具功能性的托特包與手拿包。
使用稱為CEBONNER的
仿棉撥水加工尼龍材料製作。

輕盈的材質，摺小攜帶也非常方便。
除了平日使用，
也非常適合當作旅行備用袋。

07 環保購物袋

紅色×焦茶色的搭配，給人成熟好感印象。選用喜愛的文字或LOGO圖樣模板一起縫入裝飾，立刻提升文青質感。

作法 | P.62

長提把可用來肩背，短提把則可以手提。
超級方便的2Way款式。

07・08相同
表布＝尼龍撥水CEBONNER（#CB8783・16 焦糖色）
裡布＝尼龍撥水CEBONNER（#CB8783・25 紅）
／富士金梅®（川島商事株式会社）

08 手拿包（拉鍊款）

07・以相同素材製作的手拿包，款式簡單洗鍊。拉鍊與掛耳也選用相同配色，看起來乾淨清爽。

作法 | P.64

技巧教學

TECHNIQUE LESSON

模板

準備材料

調色用小盤（可利用瓶罐蓋）
海綿刷
壓克力顏料
切割墊
美工刀
模板紙

其他
・紙膠帶
・鉛筆

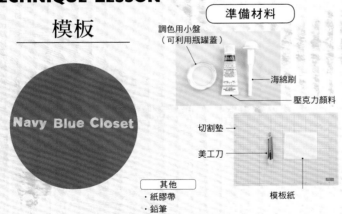

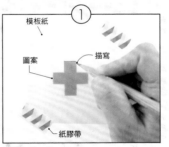

① 將圖案置於模板紙上，以紙膠帶固定於桌上，再以鉛筆描繪圖案。（此處圖案為樣本）

② 使用切割墊，以美工刀切下圖案。

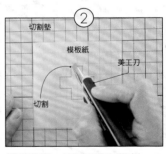

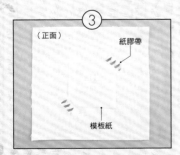

③ 下方墊報紙等回收紙，再將模板紙置於想繪製圖樣的布料零件（正面）上。貼上紙膠帶固定。

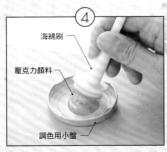

④ 將壓克力顏料擠在小盤中。使用海綿刷（若無海綿刷可以化妝用的海綿代替）沾取適量的顏料。

⑤ 分成小區塊，以輕輕敲打的方式染色。

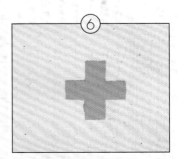

⑥ 等顏料乾燥後就能撕去模板紙。

09

庭園包　L

洗鍊的米白×黑配色，再裝飾上金屬牌飾。將直條紋
亞麻帆布橫放，以藍色布邊當作袋口設計。外側共有4
個實用的打褶口袋。

作法 | P.66

表布＝原創條紋亞麻帆布（藍色邊×米白色×黑）
／倉敷帆布（株式会社BAISTONE）
裡布＝棉厚織79號絲光加工（#3300・21 粉末藍）
／富士金梅®（川島商事株式会社）

表布＝原創條紋亞麻帆布（紅邊×漂白×米白）
／倉敷帆布（株式会社BAISTONE）
裡布＝棉厚織79號絲光加工（#3300・19 山吹色）
／富士金梅®（川島商事株式会社）

10

庭園包 S

09庭園包的縮小版。只要換個配色與尺寸，就是另一個風格不同的新作。非常適合當作午餐外出或是遛狗時使用的隨身手提包。

作法 | P.66

11

幅寬小、整體形狀乾淨俐落，
充滿大人可愛感的後背包。
穿搭概念為巴黎學生風。

摺口後背包

大地色系成熟風後背包。袋口往內翻摺2次，就像蓋子一樣將包包蓋住後固定即可。使用市售皮革釦環零件，提升作品的完成度。

作法 | P.68

表布＝10號帆布石蠟加工（#1050・7 OD）
裡布＝棉厚織79號絲光加工（#3300・16 芥末綠）
配布＝11號帆布（#5000・70 巧克力色）
／富士金梅®（川島商事株式会社）

口袋加裝於內側非常安全。
厚度薄，整體尺寸大致與背部同寬，也是別具巧思的設計。

技巧教學

TECHNIQUE LESSON

背帶的作法

使用調整環製成可以調節長度的背帶。適用於後背包或肩包。

準備材料

調整環

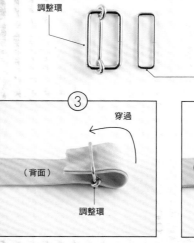

其他
・綁繩（須選用與調整環內徑同寬的綁繩）

四角長形環

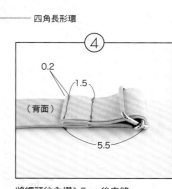

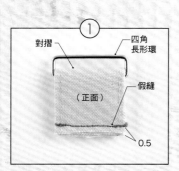

---

① 對摺　四角長形環　假縫　（正面）　0.5

掛耳穿過四角長形環後對摺，並假縫固定。

---

② 調整環　（背面）　穿過 →

將綁繩穿過調整環。

---

③ 穿過　（背面）　調整環

將繩頭往回穿過調整環的另一個孔。

---

④ 0.2　1.5　（背面）　5.5

將繩頭往內摺1.5cm後車縫。

---

⑤ （正面）　四角長形環　穿過

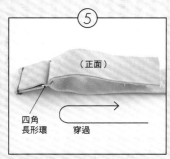

另一條綁繩同樣穿過調整環。

---

⑥ 穿過　調整環　（正面）　（正面）　（背面）

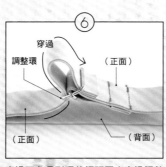

穿過四角長形環的繩頭再次穿過調整環。

---

⑦ （正面）　調整環

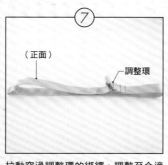

拉動穿過調整環的綁繩，調整至合適的長度。

---

⑧ （正面）　四角長形環　調整環

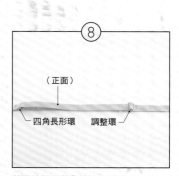

將兩端繩頭與背包縫合即可。

⑫

迷你波士頓包

可站立的迷你波士頓包，身形雖小但充滿存在感。除了輕便，外出時方便攜帶一些隨身小物之外，也很適合搭配大包一起攜帶。附可拆卸的鉤釦式肩背帶。

作法 | P.72

表布＝10號帆布石蠟加工（#1050・9 紅）
裡布＝棉厚織79號絲光加工（#3300・9 銀灰）
配布＝11號帆布（#5000・86 義大利紅）
／富士金梅®（川島商事株式会社）

13

肩包

可騰出雙手的斜背肩包。使用天然
亞麻經典配色，方便搭配各種服
飾。翻蓋使用木質牛角釦裝飾。安
心設計，不必擔心內裝物露出。

作法 | P.70

表布＝先染亞麻帆布（#8500・1 天然亞麻色）
裡布＝棉厚織79號絲光加工（#3300・21 粉末藍）
配布＝先染亞麻帆布（#8500・8 靛藍）
／富士金梅®（川島商事株式会社）

善用市售後背包背繩，
除了安裝快速，成品完整度也更佳。

14

後背包

設計簡單大方的後背包。雖然休閒風格強烈，
但圓滾滾的外型搭配上深色的素色布料，營造
出穩重的風格。

作法 | P.75

表布＝棉帆布10號（#2500・14 深靛藍）
裡布＝棉厚織79號絲光加工（#3300・21 粉末藍）
配布＝11號帆布（#5000・70 巧克力色）
　／富士金梅®（川島商事株式会社）

束口袋包口設計。
外層口袋可收納零散小物。

平板手提包

明亮的榻榻米滾邊布製提把，搭配主袋身雅致的灰，
是款設計簡單的手提包。袋口施以與提把同色系的
Bobbing work，作成小小的裝飾。

作法 | P.78

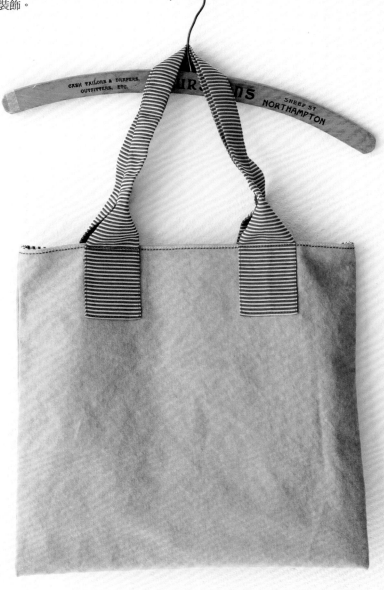

表布＝8號酵素洗帆布（#17／灰）
／倉敷帆布（株式会社BAISTONE）
裡布＝棉直條紋

16

單肩包

黑色帆布與鮮豔亮藍形成對比，令人印象深刻。
外口袋特別縫入3個褶子，作出變化。使用皮革
提把，整體看起來更有質感。

作法 | P.80

表布＝10號帆布石蠟加工（＃1050・15 黑）
裡布＝棉厚織79號絲光加工（＃3300・21 粉末藍）
／富士金梅®（川島商事株式会社）

17

木製口金肩包

像日式手毬般圓鼓鼓的款式很可愛。
2Way設計,拆去皮革肩繩後就是手拿包。

作法 | P.82

表布＝原創條紋亞麻帆布(紅邊×靛藍×黑)
／倉敷帆布(株式会社BAISTONE)
裡布＝棉厚織79號絲光加工(#3300・9 銀灰)
／富士金梅®(川島商事株式会社)

18

筒狀肩包

可直立放入A4文件的肩背包。將背繩穿過兩側D形環即可使用，方便調節長度。即使清洗次數頻繁變得塌軟，也別具一番風味。

作法 | P.84

表布＝雙條紋織（灰）
裡布＝11號帆布（#5000・5 淺黃）
配布＝11號帆布（#5000・70 巧克力色）
／富士金梅®（川島商事株式会社）

33

提籃形托特包　S・M

製作方式簡單，以人氣點點圖案提把打造
出時尚潮感。整款設計輕鬆簡潔，很適合
當作每天使用的小手提包。

作法 | P.86

19（S）

S尺寸非常適合到附近時使用的托特包。
M尺寸則很適合裝2天1夜的外宿行李。

20（M）

19・20相同
表布＝厚織帆布（未染色）／參考商品
19
裡布＝粗棉布（8200-143・亮綠）／（株）SHOWA
配布＝8號酵素洗帆布（#16／橄欖）
／倉敷帆布（株式会社BAISTONE）
20
裡布＝粗棉布（8200-143・海軍藍）／（株）SHOWA
配布＝8號酵素洗帆布（#13／靛藍）／倉敷帆布（株式会社BAISTONE）

21·22

收納包 L·S

鑲邊翻蓋超有魅力，L尺寸可完全收納A4雜誌，
也能當作筆電包。S尺寸適合當作存摺或親子手
冊、文庫本的收納包。

作法 | P.88

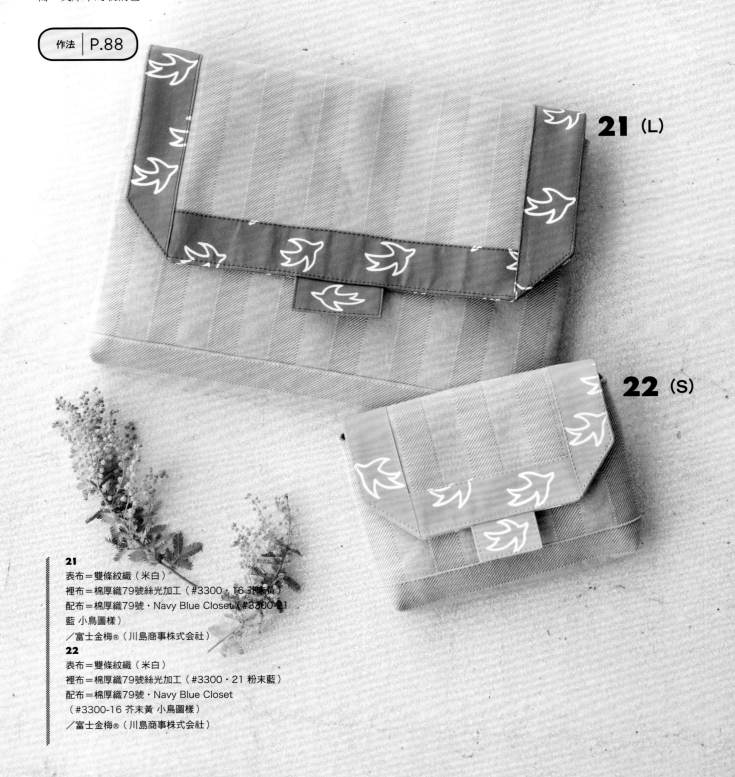

21 (L)

22 (S)

21
表布＝雙條紋織（米白）
裡布＝棉厚織79號絲光加工（#3300・16 芥末黃）
配布＝棉厚織79號・Navy Blue Closet（#3300-21
藍 小鳥圖樣）
／富士金梅®（川島商事株式会社）
22
表布＝雙條紋織（米白）
裡布＝棉厚織79號絲光加工（#3300・21 粉末藍）
配布＝棉厚織79號・Navy Blue Closet
（#3300-16 芥末黃 小鳥圖樣）
／富士金梅®（川島商事株式会社）

磁釦設計,翻蓋內側使用可愛的印花布,
每次打開都充滿驚喜。

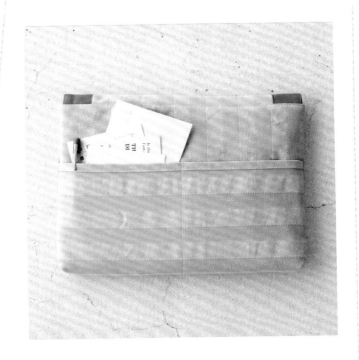

背面口袋設計方便實用。
利用布料的織紋(條紋)走向,作了些小變化。

TECHNIQUE LESSON

磁釦的
安裝方法

使用不須特殊工具
即可安裝的磁
釦,無論是
製作還是使
用上都非常
方便。

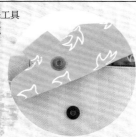

準備材料

墊圈

磁釦

腳

其他
・接著襯
・粉筆
・裁布剪刀

①

磁釦
安裝
位置

3cm

3cm

接著襯

(背面)

於布料背面標上磁釦安裝位置的記
號,並於周遭貼上3cm×3cm的接著
襯。

②

標上記號

對座腳

磁釦中央點對準安裝位置的中心,找出
座腳的位置後以粉筆標上記號。

③

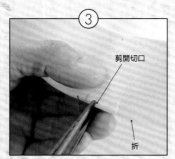

剪開切口

折

對摺布料,剪開座腳的位置。

④

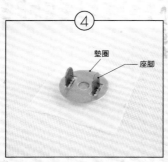

墊圈

座腳

自正面插入磁釦座腳,再蓋上墊圈。

⑤

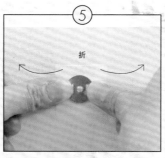

折

以手指自座腳根部將座腳向左右兩方
彎折。

⑥

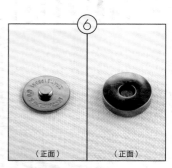

(正面)　　(正面)

另一邊也以相同方式處理。

23

水壺袋

耐用方便的帆布水壺袋。皮革提把的鉤釦設計
超方便，輕鬆一鉤就能吊在包包提把上。內附
可拆卸的保溫・保冷墊。

作法 | P.90

表布＝11號帆布（#5000・16 深靛藍）
裡布＝尼龍撥水CEBONNER（CB8783・5 黃）
配布A＝11號帆布（#5000・18 綠）
配布B＝棉厚織79號・Navy Blue Closet
（#3300-16芥末黃 小鳥圖樣）
／富士金梅®（川島商事株式会社）

 **24** 直立長形束口袋

 25 橫寬形束口袋

多多益善的超實用束口袋。特別設計成適合成熟大人使用的洗鍊款式。因為是耐用的亞麻帆布，所以即使用力清洗也沒問題。布邊顏色與穿繩布採用同樣的亮色，帶出活潑感。

作法 | P.92

24
表布＝原創條紋亞麻帆布（藍邊×米白×黑）
／倉敷帆布（株式会社BAISTONE）
配布＝棉厚織79號絲光加工（＃3300・21粉末藍）
／富士金梅®（川島商事株式会社）

25
表布＝原創條紋亞麻帆布（黃邊×漂白×靛藍）
／倉敷帆布（株式会社BAISTONE）
配布＝棉厚織79號絲光加工（＃3300・19山吹色）
／富士金梅®（川島商事株式会社）

杯狀手拿包　L·M·S

可愛馬克杯造型手拿包有3種尺寸，可收納
大小不同的物品。因為沒有厚度，所以不
怕占用包包空間。

作法 | P.94

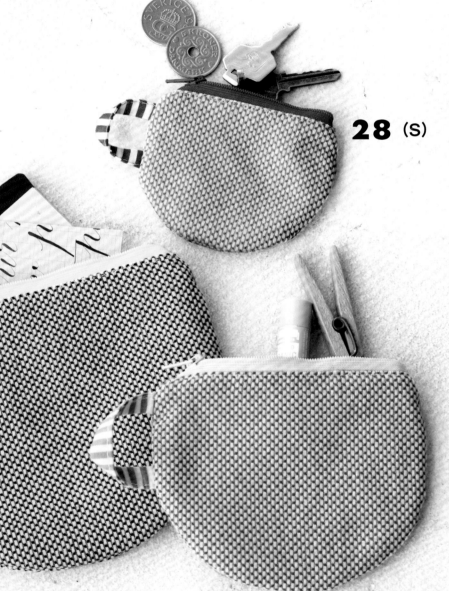

28 (S)

26 (L)

27 (M)

26 表布＝日本傳統雙色刺子繡花紋（#1424-606海軍藍）
27 表布＝日本傳統雙色刺子繡花紋（#1424-619杏桃）
28 表布＝日本傳統雙色刺子繡花紋（#1424-592亮灰）
26至28相同
裡布＝棉厚織79號絲光加工（#3300·9銀灰）
／富士金梅®（川島商事株式会社）

長形拉鍊手拿包

米白×黑，雅致的十字印花圖樣帆布手拿包。
可以當作筆袋或是存摺收納袋。只需少量布料
即可完成，很適合當作小禮物。

作法 | P.42

表布＝10號帆布石蠟加工・Navy Blue Closet
（#1050-2 米白十字圖樣）
配布＝11號帆布（#5000・4 黑）／富士金梅®
（川島商事株式會社）

P.41 | **29**

長形拉鍊手拿包

(完成尺寸)
寬21cm×高10cm×側身5cm

(原寸紙型)
無

材料

表布（10號帆布石蠟加工）	…………………	30cm×35cm
配布（11號帆布）	…………………	30cm×10cm
拉鍊 20cm	…………………	1條
兩折子母帶 寬1.8cm	…………………	15cm

裁法圖

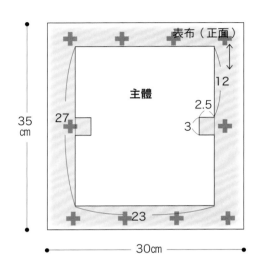

表布（正面）

12

主體

35cm

27

2.5

3

23

30cm

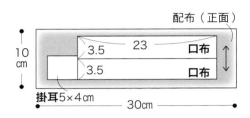

配布（正面）

10cm

3.5   23   口布

3.5   口布

掛耳5×4cm

30cm

製作重點
Ｐ

選用子母帶處理主體幅寬的縫份，較Z字縫與鎖邊縫處
理方便，外觀看起來也更漂亮。

※此處為了方便說明，特意使用不同顏色布料與縫線

1 縫前準備

主體

口布（2片）

掛耳

①布料標上記號並進行裁剪。

2 製作主體

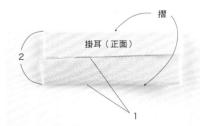

摺

掛耳（正面）

2

1

①掛耳兩側向中央摺成3褶。

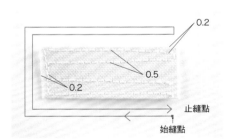

0.2

0.5

0.2

止縫點

始縫點

②車縫出針腳。

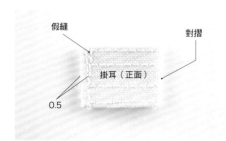

假縫

對摺

掛耳（正面）

0.5

③對摺並假縫固定。

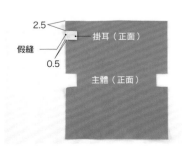

2.5

掛耳（正面）

假縫

0.5

主體（正面）

④掛耳假縫固定於主體上。

⑤主體開口與脇邊進行鎖邊縫。

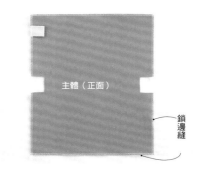

⑥經過鎖邊縫的開口與脇邊。

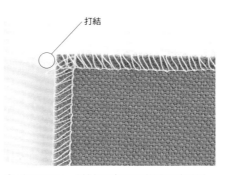

⑦線頭打結。（其他3處也同樣進行打結）

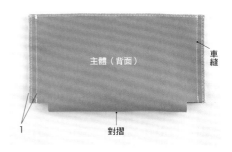

⑧對摺後車縫脇邊。

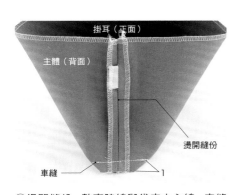

⑨燙開縫份，整齊脇線與袋底中心線，車縫出縫份1cm的幅寬。

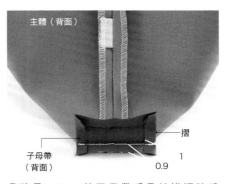

⑩將長7.5cm的子母帶重疊於橫幅縫份上，兩端各摺入1cm，縫合。

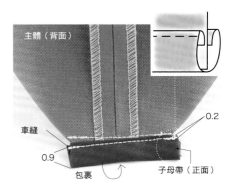

⑪將子母帶包覆住縫份，繼續車縫。

③ 製作口布

①口布四周進行鎖邊縫。

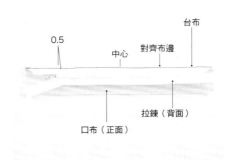

②口布與拉鍊正面相對，對齊口布與拉鍊中心點及布邊，並於距布邊0.5cm處進行車縫。

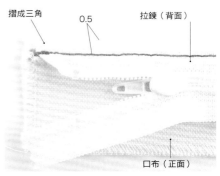

③拉鍊兩側往拉鍊背面摺成三角形。

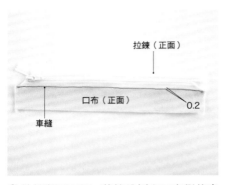

④拉鍊翻回正面，將縫份倒向口布側後車
縫。

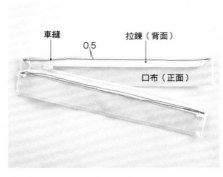

⑤以同樣方法處理另一側。

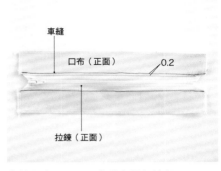

⑥拉鍊翻回正面，車縫上圖紅線部分。

4 完成

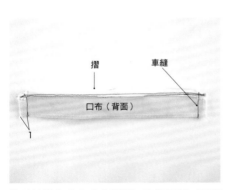

⑦以拉鍊為中心向內對摺，車縫兩側，兩側
須各留1cm縫份。

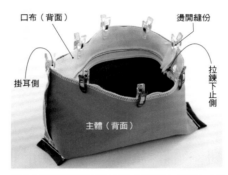

①口布脇側開縫份並與主體疊合對齊，兩
者正面相對。掛耳側為拉鍊上止側。

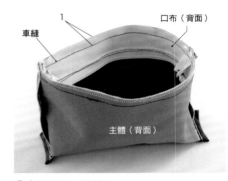

②車縫開口，縫份1cm。

③燙開縫份。

④翻回正面，口布放入主體中整齊，車縫
袋口。

完成

包包製作工具

縫紉機

本書作品只需要能夠車縫直線及Z字縫的縫紉機即可製作。車縫帆布等厚質感的布料時，建議使用馬力強的縫紉機。

鎖邊縫縫紉機

處理縫份用的縫紉機。也可以Z字縫代替。

車縫線

本書中使用厚布用30號縫線。

裝飾針腳用手縫線

Bobbing work（P.16・05、P.30・15）使用。

車縫針

本書使用厚布用14號針。

熨斗・熨台

用於整布、燙開縫份、貼接著襯。熨台推薦選用較硬的款式。

剪刀

須準備布用及紙用各一把剪刀。

線剪

準備一把剪線用的小剪刀，讓作業更順利。

錐子

用於整理尖角或穿洞等。有時在車縫過程中也會以錐子送布。

拆線器

用於拆針腳。

尺

用於在布面上畫線、標註記號。選用有方格眼的尺，讓作業更順利。

描圖紙

轉寫紙型用的透明紙。轉寫於較粗糙的面上。

裁縫用粉筆

有上圖的款式以及鉛筆款式。須配合布料顏色和材質，選用能清楚顯示的粉筆。

文鎮

轉寫紙型或進行裁剪時，用於壓住描圖紙或紙型用。

穿繩器

用於穿束口袋的繩子。

螺絲起子

鎖口金螺絲用。

手工藝白膠

用來黏口金零件。細長口款式較方便，可直接將白膠擠於口金溝中。

紙膠帶

除了用來固定模板紙，也會貼於縫紉機針版上當作度量縫份寬度的參考。另外，當布料較難分辨正反面時，也可以在貼在背面當作記號。

帆布包製作的推薦工具

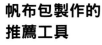

骨筆

可用來作記號、折線，或燙開縫份。

疏縫固定夾

帆布等不容易使用珠針固定的厚布，可以疏縫固定夾固定。

布用雙面膠帶

製作口袋或背繩時，用來疏縫固定布料零件。

包包製作的基礎知識

修剪布料 │ 布料經過修剪後，就能筆直地沿著布眼裁剪，如此便能作出直挺的作品。

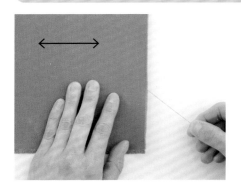

①解開緯線。

②沿著鬆開的布眼，以剪布剪刀將布修直。

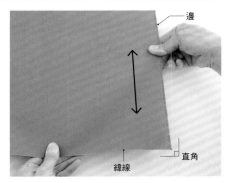

③斜向拉平布料，讓邊與緯線成90°直角。

裁剪 │ 無紙型

①本書刊載的裁布圖尺寸皆含縫份。請參考裁布圖直接以粉筆繪製於布面上。

②沿著布眼滑過剪刀裁剪。

③　以粉筆標出中央位置等記號。

裁剪 │ 有紙型

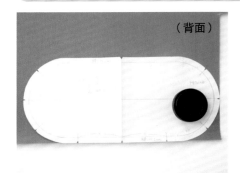

①紙型尺寸含縫份。外側線條轉寫至描圖紙上。先於記號點處剪開切口，之後就比較容易標記。因為帆布等厚布較不容易以珠針固定，所以須以文鎮等重物協助固定。

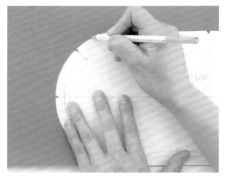

②以粉筆描繪邊緣。同時標上記號。

③沿著粉筆記號剪下零件。圓弧處須使用剪刀前端裁剪。

貼接著襯 │ 將接著襯邊緣對準完成線，平整地貼上接著襯

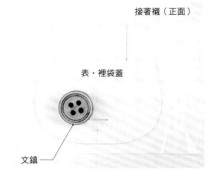

①製作無縫份紙型，裁出所需接著襯。

②裁好的布片翻至背面，沿著完成線放上接著襯。

③使用約150°熨斗垂直壓燙。須避免滑動熨斗，且不可留有空隙。貼上後平放至冷卻為止即可。

帆布等厚布的縫紉技巧

使用骨筆 │ 經過石蠟等加工過後的帆布無法使用熨斗，所以必須以骨筆協助摺、刮開縫份。即使是可以使用熨斗的布料，也可以骨筆拉線或是在不方便使用熨斗的部分代替熨斗打開縫份。

摺繩子等時

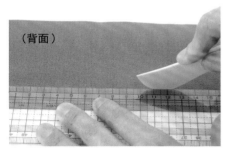

①於摺山處拉線。

②沿著上一步驟壓出的線條，利用骨筆協助將布摺入。若是可以使用熨斗的布料，則可先以骨筆拉線，再以熨斗摺布。

刮開縫份

於平台上以骨筆刮開縫份。若是布料對摺的部分或是較小的零件，則須將手掌墊在下方。

疏縫固定夾

帆布較不容易使用珠針固定，所以須以疏縫固定夾固定。

標註記號

藉由記號的輔助，就能避免縫偏等情形，尖角等較困難的部分也能縫得比較漂亮。對齊記號後，以疏縫固定夾固定再進行車縫。

使用兩面接著帶

貼口袋及縫背繩時進行假縫固定用。以接著帶可避免發生縫偏等情形。使用時須注意避免貼到車縫位置，以免縫針沾到黏膠變得不易車縫。

本書使用布料

倉＝倉敷帆布（株式会社BAISTONE）　富＝富士金梅®（川島商事株式会社）　ショ＝株式会社SHOWA　髙＝FLAT（髙田織物株式会社）

表布
包包表面用布。本書主要使用帆布。帆布厚度請參考號數。號數愈小代表愈厚，愈大代表愈薄。

裡布
包包裡層用布。本書使用較柔韌的棉料。挑選顏色時須考慮與表布的適合度。若是素色表布，則可以選用有圖樣的裡布。

配布
可作為表布的拼接設計，或使用在提把、束口布部分。須配合設計挑選布料。

11號帆布
可以家用縫紉機車縫的薄帆布。也推薦與10一起並用。富

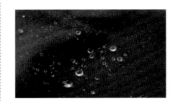
10號帆布石蠟加工
具有良好的防水功能與張力。熨斗熱度會融化石蠟，所以必須以骨筆拉出摺線。富

麻帆布10號
具有張力的100%亞麻帆布。適合用來製作能自行站立的硬款包包。

棉帆布10號
可以家用縫紉機車縫的略厚帆布。縫份重疊部分只要慢慢送布就能縫得漂亮。富

8號酵素洗帆布
屬於適用家用縫紉機帆布中較厚的布料。因為經過酵素洗的加工過程，所以觸感較柔軟。倉

原創條紋亞麻帆布
赤峰老師策畫的法式100%亞麻帆布。約5cm寬的條紋與邊線的搭配手法非常有魅力。倉

雙條紋織
赤峰老師策畫的棉織物。厚度約與11號帆布相同。以2種寬幅不同的織布交互穿插，呈現條紋感。富

尼龍撥水・CEBONNER
尼龍素材，特徵為輕巧、柔韌且強度高。經常使用在包包、手拿包與雨具等製作上。富

先染亞麻帆布
使用經預染處理的粗亞麻線平織而成帆布。與11號相比，布眼較粗且較厚，但柔韌度較好。富

日本傳統雙色刺子繡
經線使用無加工處理粗原色線，緯線使用較細色線的日本傳統刺子繡圖樣棉織布。厚度約與11號相同。富

Navy Blue Closet系列
赤峰老師策畫的印花布。不同圖案所搭配的布料不同，有10號帆布石蠟加工、亞麻帆布、棉厚織79號等。富

棉厚織79號絲光加工
平織、厚度中等的棉布。具柔韌度，顏色選項豐富。富

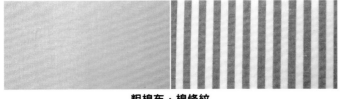
粗棉布・棉條紋
綾織木棉布料。質薄、柔軟，適合用作包包裡布。圖片左・粗棉布＝ショ

榻榻米滾邊布
用來包覆榻榻米邊的帶狀織物，有各種顏色與圖樣。因厚度適中且有良好的強度，所以很適合用來製作提把。髙

・帆布中8～11號可以家庭縫紉機車縫。石蠟加工帆布因為具有張力，所以只有10號適用。

・帆布及雙條紋織的正反面較無明顯差異，所以只要將織紋整齊、無受傷的面當作正面使用即可。

作法詳解

本書用法簡介

作品頁

作品編號

擁有編號的作品皆有作法詳解。所以可以先確認看看想製作作品的編號。

作法詳解頁

此處標示的數字為該作品作法詳解的頁數。

使用布料

該作品使用的布料名稱、商品號碼、生產商。

01

兩用基本款托特包

作法 P.50

技巧教學

磁釦的安裝方法和Bobbing work等需要一些小技巧的作業，皆附上詳細圖解。

作法詳解

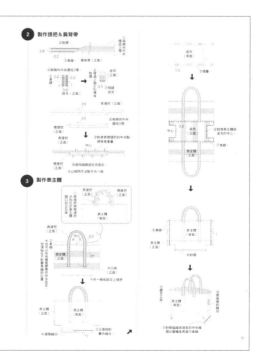

刊登頁面與作品編號

此處所示的數字代表作品圖片介紹頁面與作品編號。可參考想製作作品的編號進行製作。

原寸紙型

標註「無」的作品，直接按圖下方「裁布圖」中所示尺寸直接裁剪即可（皆含縫份）。若標註「A面」與「B面」，則代表該作品的紙型位於書中附屬紙型的A面或B面，因此只要找到目標作品編號的紙型，轉寫於描圖紙上即可使用。

製作重點

製作作品時，總有些「早知道就好了」或是「若這麼作就能縫得很漂亮」的部分，因此赤峰老師將這些製作重點整理於此處。建議在開始製作之前先參考看看。

兩用基本款托特包

- 完成尺寸
  寬33cm×高30.5cm×側身15cm
- 原寸紙型
  無

材料

表布（條紋亞麻帆布）	98cm×150cm
裡布（棉厚織79號）	80cm×55cm
D形環 40mm	2個
雙面四合釦 6mm	4組
亞麻帶 寬2cm	35cm

裁法圖

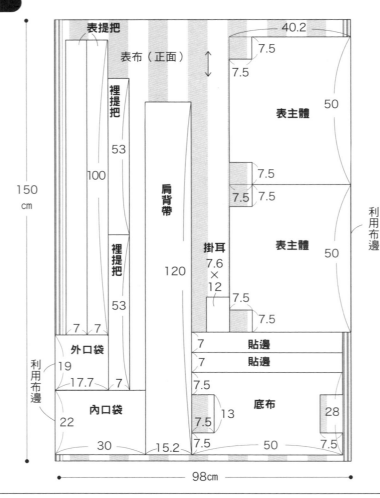

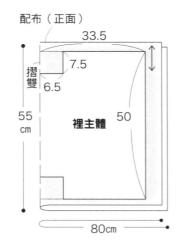

配布（正面）
裡主體

製作重點 ⓟ

將提把與口袋縫至主體上時，使用布用雙面膠帶較方便。接著帶須貼於正中央，以免車針沾到黏膠。

製作順序&完成尺寸

1. 縫上外口袋
2. 製作提把、肩背帶
3. 製作表主體
4. 製作內口袋
5. 製作裡主體
6. 完成

① 縫上外口袋

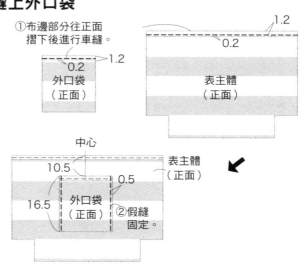

①布邊部分往正面摺下後進行車縫。

②假縫固定。

② **製作提把&肩背帶**

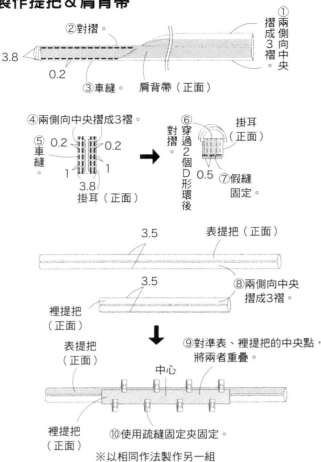

②對摺。

①兩側向中央摺成3褶。

3.8
0.2
③車縫。 肩背帶（正面）

④兩側向中央摺成3褶。

⑤0.2 0.2
車縫。 1 1
3.8
掛耳（正面）

⑥穿過2個D形環後 掛耳（正面） 對摺。

0.5
⑦假縫固定。

3.5 表提把（正面）

3.5
⑧兩側向中央摺成3褶。

裡提把（正面）

表提把（正面）

中心

裡提把（正面）

⑨對準表、裡提把的中央點，將兩者重疊。

⑩使用疏縫固定夾固定。

※以相同作法製作另一組

③ **製作表主體**

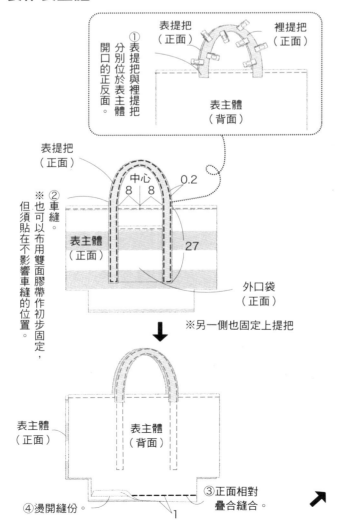

①表提把與裡提把分別位於表主體開口的正反面。

表提把（正面） 裡提把（正面）

表主體（背面）

②車縫。
※也可以布用雙面膠帶作初步固定，但須貼在不影響車縫的位置。

表提把（正面）

中心 0.2
8 8

27

表主體（正面）

外口袋（正面）

※另一側也固定上提把

表主體（正面）

表主體（背面）

③正面相對疊合縫合。

④燙開縫份。 1

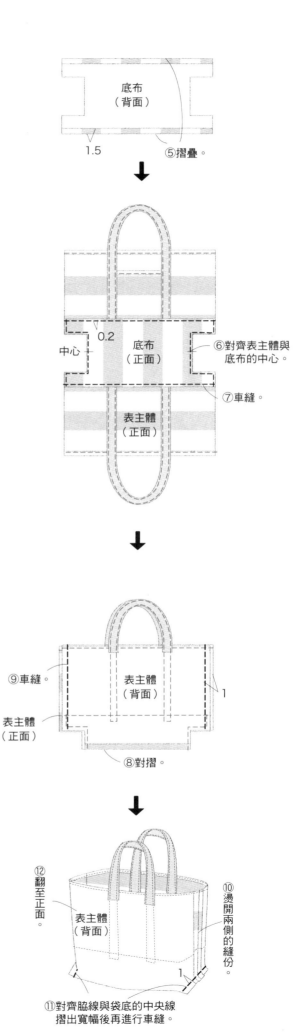

底布（背面）

1.5 ⑤摺疊。

0.2
中心 底布（正面）

⑥對齊表主體與底布的中心。

表主體（正面）

⑦車縫。

⑨車縫。

表主體（背面）

表主體（正面）

1

⑧對摺。

⑫翻至正面。

表主體（背面）

⑩燙開兩側的縫份。

1

⑪對齊脇線與袋底的中央線摺出寬幅後再進行車縫。

製作內口袋

①布邊向正面摺下後進行車縫。

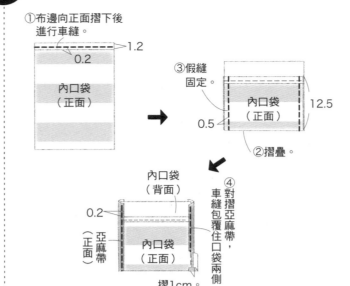

1.2
0.2

內口袋
（正面）

③假縫固定。

12.5

內口袋
（正面）

0.5

②摺疊。

內口袋
（背面）

0.2

亞麻帶
（正面）

內口袋
（正面）

④對摺亞麻帶，車縫包覆住口袋兩側。

摺1cm。

5 製作裡主體

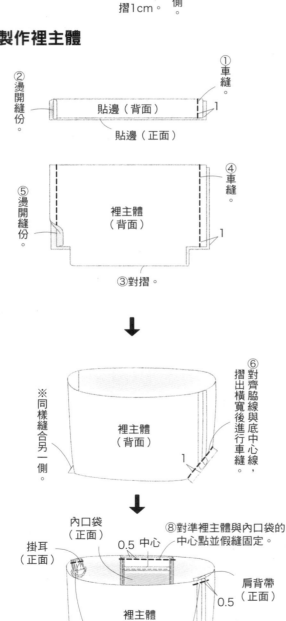

①車縫。

②燙開縫份。

貼邊（背面）

貼邊（正面）

1

④車縫。

⑤燙開縫份。

裡主體
（背面）

1

③對摺。

※同樣縫合另一側。

裡主體
（背面）

⑥對齊脇線與底中心線，摺出橫寬後進行車縫。

1

內口袋
（正面）

掛耳
（正面）

0.5 中心

⑧對準裡主體與內口袋的中心點並假縫固定。

裡主體
（背面）

肩背帶
（正面）

0.5

⑦掛耳及肩背帶的中心點對齊脇線，假縫固定。

6 完成

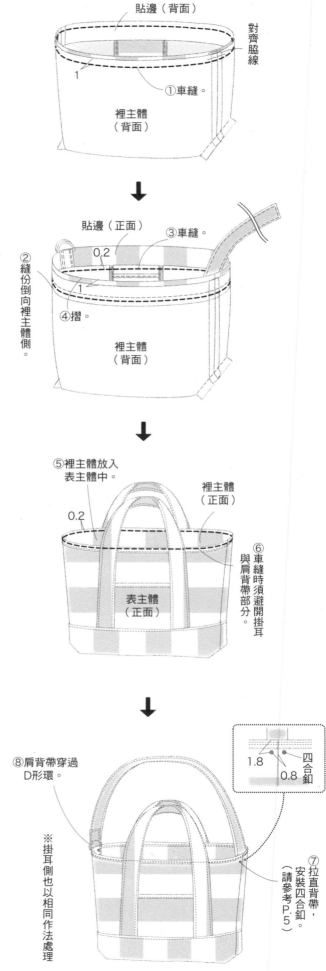

貼邊（背面）

對齊脇線

1

①車縫。

裡主體
（背面）

貼邊（正面）

③車縫。

②縫份倒向裡主體側。

0.2

1

④摺。

裡主體
（背面）

⑤裡主體放入表主體中。

0.2

裡主體
（正面）

⑥車縫時須避開掛耳與肩背帶部分。

表主體
（正面）

⑧肩背帶穿過D形環。

1.8

0.8

四合釦

※掛耳側也以相同作法處理

⑦拉直背帶，安裝四合釦。（請參考P.5）

P.14 | **03**

附拉鍊 帆船包M

- 完成尺寸
  寬24cm×高24cm×側身24cm
- 原寸紙型
  無

P.14 | **04**

附拉鍊 帆船包S

- 完成尺寸
  寬18cm×高16cm×側身18cm
- 原寸紙型
  無

材料 03

表布（10號帆布石蠟加工）	112cm×25cm
配布A（11號帆布）	85cm×30cm
配布B（棉厚織79號）	112cm×20cm
裡布（棉厚織79號）	112cm×70cm
接著襯（厚）	85cm×30cm
拉鍊 47cm	1條

材料 04

表布（麻帆布10號）	90cm×25cm
配布A（11號帆布）	70cm×25cm
配布B（亞麻帆布）	80cm×15cm
裡布（棉厚織79號）	80cm×50cm
接著襯（厚）	70cm×25cm
拉鍊 35cm	1條

裁布圖

上方數字…04
下方數字…03
（只有1個數字
代表相同）

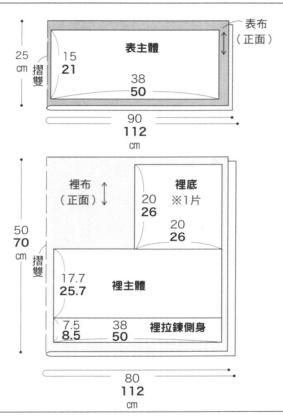

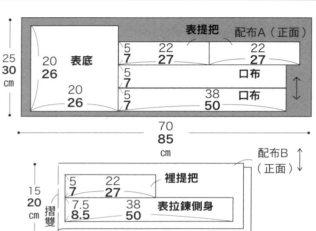

製作重點 P

包口兩側重疊部分多，所以比較厚。必須先墊上緩衝用的布後，再以鎚子或文鎮等工具壓出縫份之後再進行縫製。

製作順序&完成尺寸

1. 縫前準備
2. 製作提把
3. 製作拉鍊襯布
4. 製作表主體
5. 製作裡主體
6. 完成

03

04

1 縫製前的準備

① ▨▨ 的部分貼上接著襯。

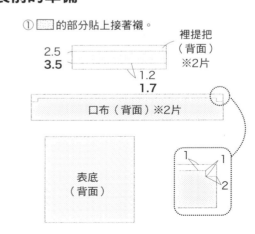

裡提把（背面）※2片

口布（背面）※2片

表底（背面）

② 製作提把

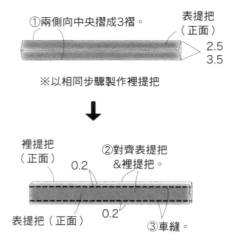

①兩側向中央摺成3褶。

表提把（正面）

2.5
3.5

※以相同步驟製作裡提把

裡提把（正面）

②對齊表提把＆裡提把。

0.2

0.2

表提把（正面）

③車縫。

※以相同作法製作另一組提把

③ 製作拉鍊襯布

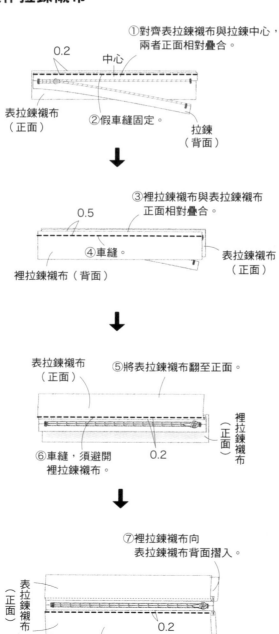

①對齊表拉鍊襯布與拉鍊中心，兩者正面相對疊合。

0.2

中心

表拉鍊襯布（正面）

②假車縫固定。

拉鍊（背面）

③裡拉鍊襯布與表拉鍊襯布正面相對疊合。

0.5

④車縫。

表拉鍊襯布（正面）

裡拉鍊襯布（背面）

表拉鍊襯布（正面）

⑤將表拉鍊襯布翻至正面。

裡拉鍊襯布（正面）

⑥車縫，須避開裡拉鍊襯布。

0.2

⑦裡拉鍊襯布向表拉鍊襯布背面摺入。

表拉鍊襯布（正面）

0.2

⑧另一側也須車縫。

⑨表襯布與裡襯布正面相對疊合。
※拉鍊須先打開

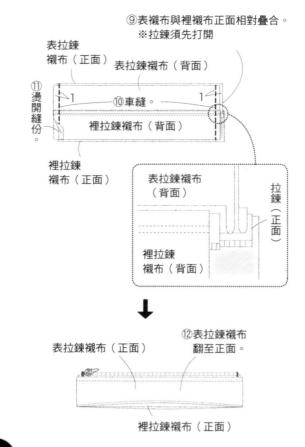

表拉鍊襯布（正面）

表拉鍊襯布（背面）

⑪燙開縫份。

1

⑩車縫。

1

裡拉鍊襯布（背面）

裡拉鍊襯布（正面）

表拉鍊襯布（背面）

拉鍊（正面）

裡拉鍊襯布（背面）

⑫表拉鍊襯布翻至正面。

表拉鍊襯布（正面）

裡拉鍊襯布（正面）

④ 製作表主體

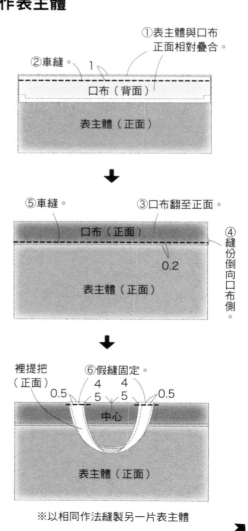

①表主體與口布正面相對疊合。

②車縫。

1

口布（背面）

表主體（正面）

⑤車縫。

③口布翻至正面。

④縫份倒向向口布側。

口布（正面）

0.2

表主體（正面）

裡提把（正面）

⑥假縫固定。

4   4

0.5

5   5

0.5

中心

表主體（正面）

※以相同作法縫製另一片表主體

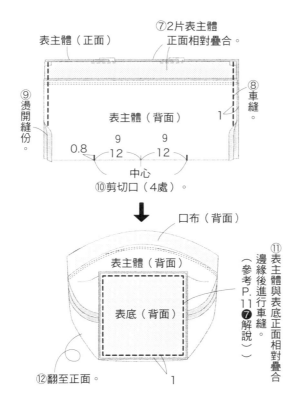

表主體（正面）
⑦2片表主體正面相對疊合。
⑧車縫。
1
⑨燙開縫份。
表主體（背面）
0.8　9　9
12　12
中心
⑩剪切口（4處）。

口布（背面）
表主體（背面）
表底（背面）
1
⑫翻至正面。

⑪表主體與表底正面相對疊合邊緣後進行車縫。（參考P.11❼解說）

⑤ 製作裡主體

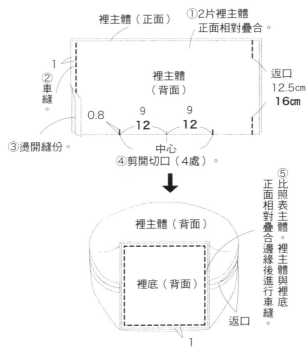

裡主體（正面）
①2片裡主體正面相對疊合。
1
②車縫。
③燙開縫份。
裡主體（背面）
返口　12.5cm　**16cm**
0.8　9　9
12　**12**
中心
④剪開切口（4處）。

裡主體（背面）
裡底（背面）
1
返口

⑤比照表主體。裡主體與裡底正面相對疊合邊緣後進行車縫。

⑥ 完成

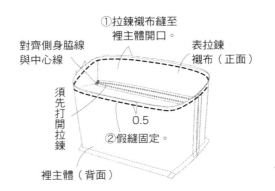

①拉鍊襯布縫至裡主體開口。
對齊側身脇線與中心線
表拉鍊襯布（正面）
須先打開拉鍊
0.5
②假縫固定。
裡主體（背面）

③將表主體放入裡主體內。

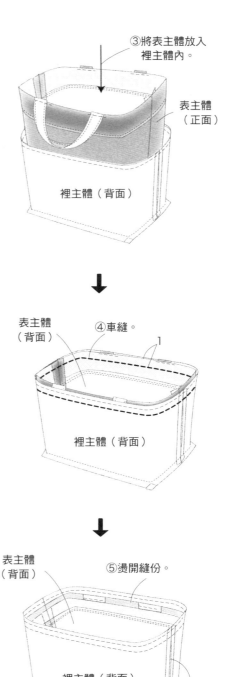

表主體（正面）
裡主體（背面）

④車縫。
表主體（背面）
1
裡主體（背面）

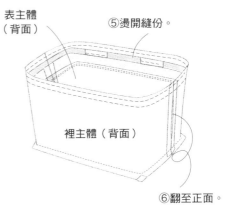

表主體（背面）
⑤燙開縫份。
裡主體（背面）
⑥翻至正面。

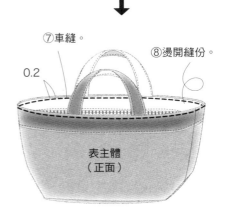

⑦車縫。
0.2
⑧燙開縫份。
表主體（正面）

提籃形束口托特包

完成尺寸
寬30cm×高27cm×側身15cm

原寸紙型
A面（只有表・裡主體、表・裡底、外口袋）

材料

表布（麻帆布10號）・・・・・・・・・・・・・・・・・・・・・	65cm×90cm
配布A（11號帆布）・・・・・・・・・・・・・・・・・・・・・	112cm×55cm
配布B（棉厚織79號）・・・・・・・・・・・・・・・・・・・・・	112cm×40cm
裡布（棉厚織79號）・・・・・・・・・・・・・・・・・・・・・	112cm×60cm
接著襯（薄）・・・・・・・・・・・・・・・・・・・・・・・・・	65cm×80cm
手縫線・・・・・・・・・・・・・・・・・・・・・・・・・・・・・・・・	適量

裁布圖

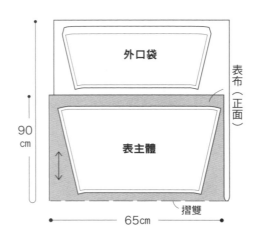

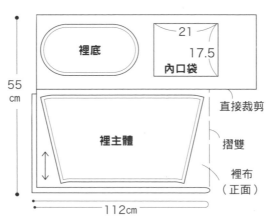

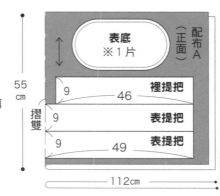

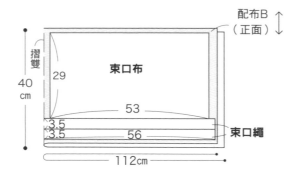

製作重點 P

帆布等較厚的布料，若是對摺後再進行裁剪會因為布料的厚度而失去精準度。若紙型只有半邊，便需要將其反轉自行製作完整的紙型。若是使用原寸紙型，就能正確裁剪出所需尺寸的零件。

製作順序＆完成尺寸

1.縫前準備
2.縫上外口袋
3.縫上提把
4.製作裡主體
5.縫上束口布
6.完成

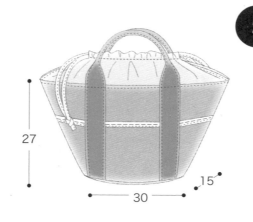

1 縫製前的準備

①表主體・表底背面貼上接著襯。

完成線　表底（背面）

表主體（背面）
※2片

2 縫上外口袋

①Bobbing work（請參考P.17）。

1.7

外口袋（背面）

↓

②以1.2cm→1.3cm的方式摺成3褶。

③車縫。

0.2

外口袋（正面）

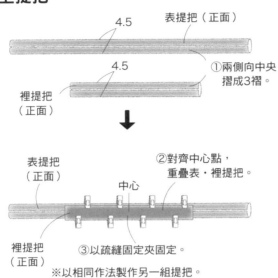

表主體（正面）

外口袋（正面）

④假縫固定。

0.5

③ 縫上提把

4.5

表提把（正面）

4.5

裡提把（正面）

①兩側向中央摺成3褶。

表提把（正面）

中心

裡提把（正面）

②對齊中心點，重疊表・裡提把。

③以疏縫固定夾固定。

※以相同作法製作另一組提把。

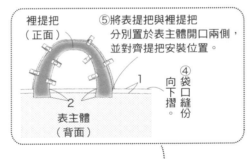

裡提把（正面）

⑤將表提把與裡提把分別置於表主體開口兩側，並對齊提把安裝位置。

1

2

表主體（背面）

④袋口縫份向下摺。

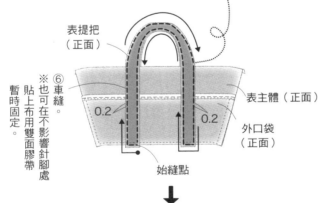

表提把（正面）

0.2

0.2

表主體（正面）

外口袋（正面）

始縫點

⑥車縫。

※也可在不影響針腳處貼上布用雙面膠帶暫時固定。

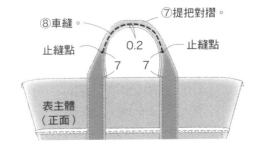

⑧車縫。

⑦提把對摺。

止縫點

0.2

止縫點

7   7

表主體（正面）

※以相同作法製作另一條提把

④ 製作表主體

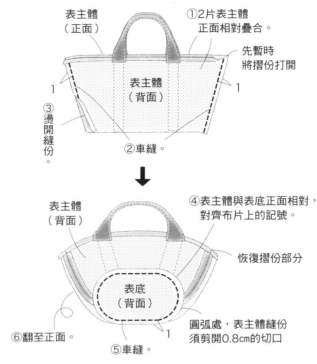

表主體（正面）

①2片表主體正面相對疊合。

先暫時將摺份打開

表主體（背面）

1   1

③燙開縫份。

②車縫。

表主體（背面）

④表主體與表底正面相對，對齊布片上的記號。

恢復摺份部分

表底（背面）

⑥翻至正面。

⑤車縫。

圓弧處，表主體縫份須剪開0.8cm的切口

⑤ 製作裡主體

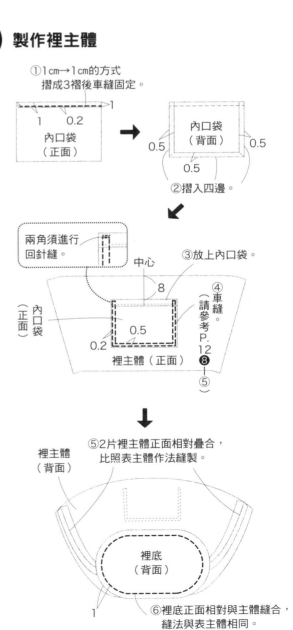

①1cm→1cm的方式摺成3褶後車縫固定。

1

1   0.2

內口袋（正面）

內口袋（背面）

0.5   0.5

0.5

②摺入四邊。

兩角須進行回針縫。

中心

8

③放上內口袋。

內口袋（正面）

0.5

0.2

裡主體（正面）

④車縫。（請參考P.12 ❽）

⑤

⑤2片裡主體正面相對疊合，比照表主體作法縫製。

裡主體（背面）

裡底（背面）

1

⑥裡底正面相對與主體縫合，縫法與表主體相同。

6 縫上束口布

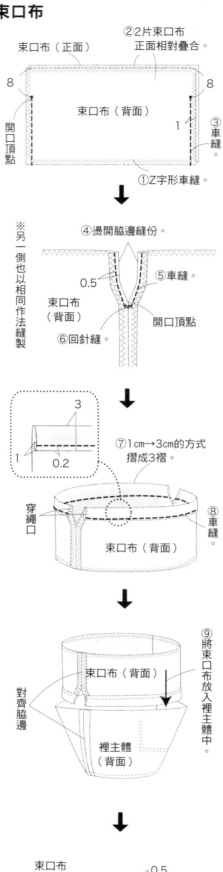

束口布（正面）

②2片束口布
正面相對疊合。

8

8

束口布（背面）

開口頂點

1

③車縫。

①Z字形車縫。

④燙開脇邊縫份。

0.5

⑤車縫。

束口布（背面）

開口頂點

⑥回針縫。

※另一側也以相同作法縫製

3

1

0.2

⑦1cm→3cm的方式
摺成3褶。

穿繩口

⑧車縫。

束口布（背面）

⑨將束口布放入裡主體中。

束口布（背面）

對齊脇邊

裡主體（背面）

束口布（正面）

0.5

⑩假縫固定。

裡主體（背面）

7 完成

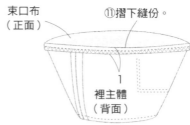

束口布（正面）

⑪摺下縫份。

1

裡主體（背面）

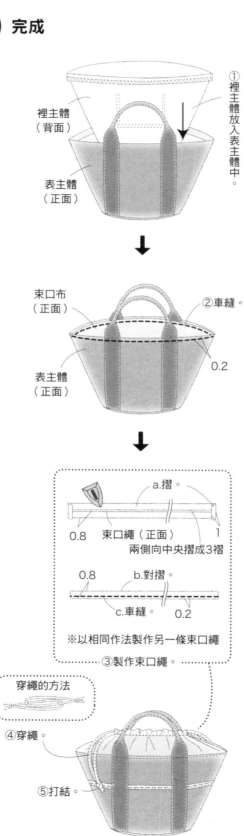

裡主體（背面）

①裡主體放入表主體中。

表主體（正面）

束口布（正面）

②車縫。

0.2

表主體（正面）

a.摺。

0.8

束口繩（正面）

1

兩側向中央摺成3褶

0.8

b.對摺。

c.車縫。

0.2

※以相同作法製作另一條束口繩

③製作束口繩。

穿繩的方法

④穿繩。

⑤打結。

圓底束口袋

完成尺寸
寬30cm×高35cm×側身30cm

原寸紙型
A面（只有表・裡底）

材料

表布（雙條紋織）	·············	110cm×110cm
裡布（棉厚織79號）	·············	112cm×80cm
接著襯（厚）	·············	35cm×35cm

裁布圖

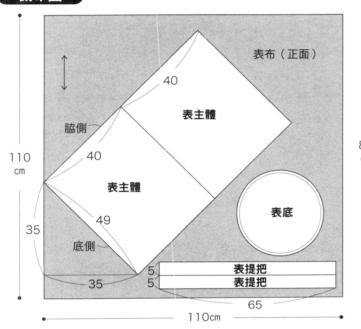

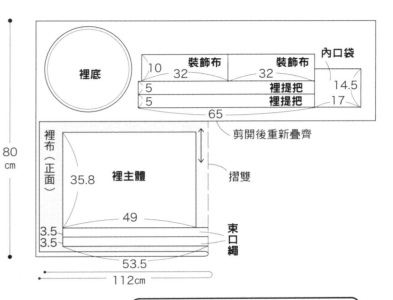

剪開後重新疊齊

摺雙

束口繩

製作重點
（P）
縫製圓底時須先對齊記號並固定。於主體縫份上剪開0.8cm切口，將主體置於圓底上，打開切口並與底部縫合。

製作順序&完成尺寸

1.製作提把
2.製作袋底
3.製作表主體
4.製作裡主體，與表主體縫合
5.完成

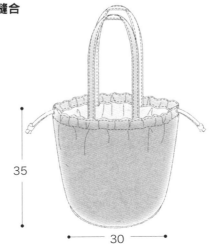

1 製作提把

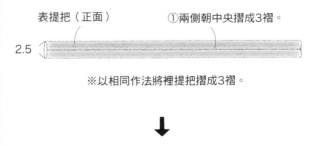

表提把（正面）

①兩側朝中央摺成3褶。

2.5

※以相同作法將裡提把摺成3褶。

↓

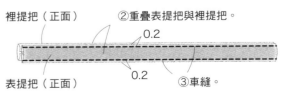

裡提把（正面）

②重疊表提把與裡提把。

0.2

表提把（正面）

0.2

③車縫。

※以相同作法製作另一條提把。

2　製作袋底

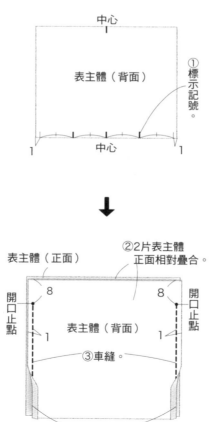

表底（背面）

① 袋底背面貼上接著襯完成線內

接著襯

② 兩側向中央摺成3褶。

5　裝飾布（正面）

表底（正面）

記號

④ 車縫。

0.2

0.2

合印

裝飾布（正面）

③ 將表底記號於裝飾布中央對齊。

⑥ 剪去突出的裝飾布。

⑤ 以相同作法車縫上另一片裝飾布。

3　製作表主體

中心

表主體（背面）

① 標示記號。

中心

1　　　　1

② 2片表主體正面相對疊合。

表主體（正面）

開口止點　8　　　　8　開口止點

表主體（背面）

1　　　　1

③ 車縫。

④ 燙開縫份。

表主體（背面）

0.5　　0.5

⑤ 車縫。

脇邊　開口止點

回針縫。

※ 以相同作法縫製另一側

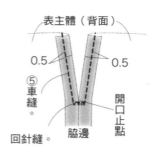

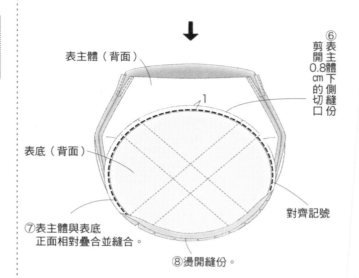

表主體（背面）

⑥ 剪開表主體下側縫份0.8cm 的切口

表底（背面）

對齊記號

⑦ 表主體與表底正面相對疊合並縫合。

⑧ 燙開縫份。

4　製作裡主體，與表主體縫合

① 以1cm→1cm的方式將邊朝正面往下摺。

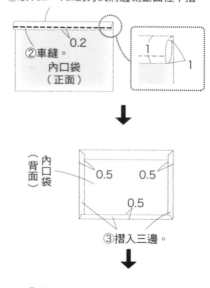

0.2

② 車縫。

內口袋（正面）

1

1

內口袋（背面）

0.5　　0.5

0.5

③ 摺入三邊。

④ 與表主體一樣標上同樣的記號。

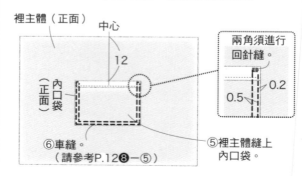

裡主體（正面）

中心

12

內口袋（正面）

⑥ 車縫。
（請參考P.12 ❽-⑤）

⑤ 裡主體縫上內口袋。

兩角須進行回針縫。

0.2

0.5

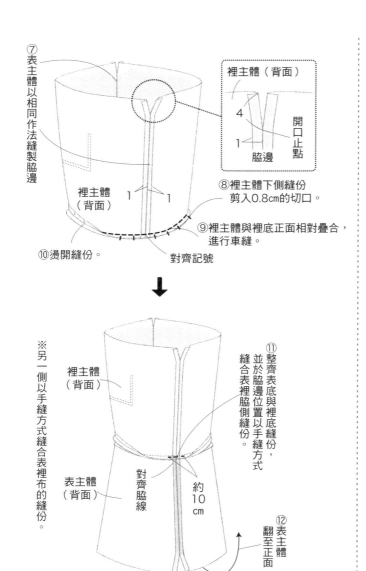

⑦表主體以相同作法縫製脇邊

裡主體（背面）
4
1
脇邊
開口止點

⑧裡主體下側縫份剪入0.8cm的切口。

⑨裡主體與裡底正面相對疊合，進行車縫。

裡主體（背面）
1　1

⑩燙開縫份。

對齊記號

※另一側以手縫方式縫合表裡布的縫份。

裡主體（背面）

⑪整齊表底與裡底縫份，並於脇邊位置以手縫方式縫合表裡脇側縫份。

表主體（背面）

對齊脇線

約10cm

⑫表主體翻至正面。

5　完成

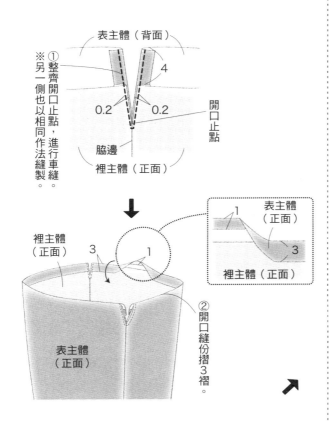

表主體（背面）
①整齊開口止點，進行車縫。
※另一側也以相同作法縫製。
0.2　0.2
脇邊
開口止點
裡主體（正面）

1
表主體（正面）
3
裡主體（正面）

裡主體（正面）
3
1

表主體（正面）
②開口縫份摺3褶

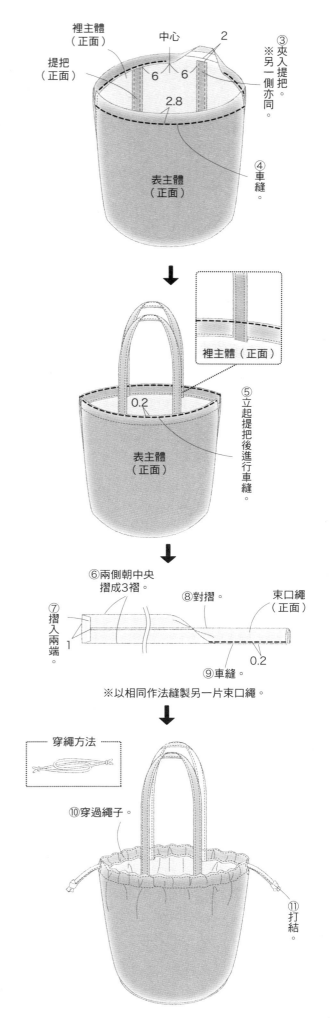

裡主體（正面）
提把（正面）
中心　2
6　6
2.8
③夾入提把，另一側亦同。
表主體（正面）
④車縫。

裡主體（正面）
表主體（正面）
0.2
⑤立起提把後進行車縫。

⑥兩側朝中央摺成3褶。
⑧對摺。
束口繩（正面）
⑦摺入兩端
1
⑨車縫。
0.2

※以相同作法縫製另一片束口繩。

穿繩方法

⑩穿過繩子。

⑪打結。

環保購物袋

- (完成尺寸)
  寬40cm×高42cm×側身7cm
- (原寸紙型)
  A面（只有裝飾布A、裝飾布B、模板圖案）

材料

表布（尼龍撥水）·················· 125cm×55cm
裡布（尼龍撥水）·················· 120cm×80cm

裁布圖

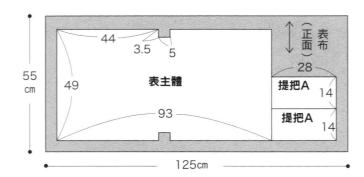

55 cm

44　　3.5　5

（正面）表布

28

表主體

49

提把A　14

93

提把A　14

125cm

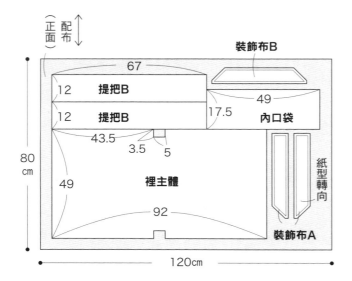

（正面）配布

裝飾布B

67

12　**提把B**

12　**提把B**

49

17.5　**內口袋**

43.5　3.5　5

80 cm

49

裡主體

92

紙型轉向

裝飾布A

120cm

製作重點
Ⓟ

使用模板時，建議先固定住模板紙之後，再從圖樣的邊緣開始輕敲轉寫以避免圖樣走型。注意不可以摩擦的方式轉寫。

製作順序&完成尺寸

1. 製作提把
2. 模板
3. 縫上裝飾布
4. 製作表主體
5. 製作裡主體
6. 完成

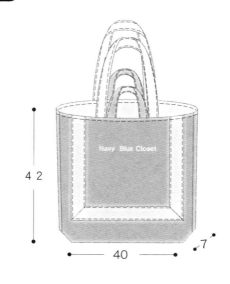

Navy Blue Closet

42

40　7

---

1 製作提把

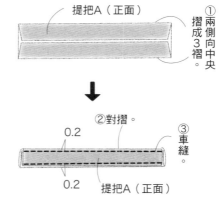

提把A（正面）

①兩側向中央摺成3褶。

②對摺。

0.2

③車縫。

0.2　提把A（正面）

※以相同作法製作另一條提把與提把B

② 模板

14.5
15
①模板。
（請參考P.21）
Navy Blue Closet
表主體（正面）

Navy B

英文字內部反白的部分須將裁剪下來的模板紙當作紙型，再裁出所需形狀貼紙貼於反白處後再進行轉寫。

③ 縫上裝飾布

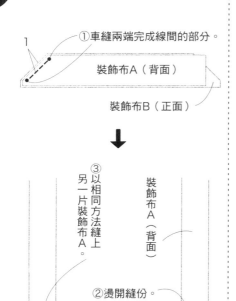

①車縫兩端完成線間的部分。
1
裝飾布A（背面）
裝飾布B（正面）

③以相同方法縫上另一片裝飾布A。
裝飾布A（背面）
②燙開縫份。
裝飾布B（背面）

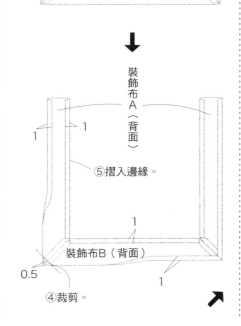

裝飾布A（背面）
⑤摺入邊緣。
1
1
1
裝飾布B（背面）
0.5
1
④裁剪。

製作表主體（⑥將裝飾布疊於表主體上，車縫。）

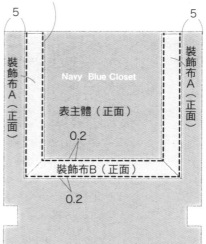

5
5
裝飾布A（正面）
裝飾布A（正面）
Navy Blue Closet
表主體（正面）
0.2
裝飾布B（正面）
0.2

④ 製作表主體

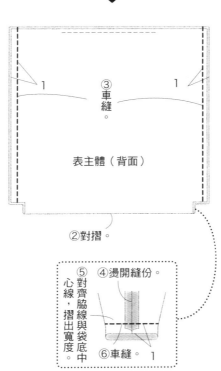

提把B（正面）
3.5 中心 3.5 0.5
①假縫固定。
9
提把A（正面）
表主體（正面）

※以相同方法縫上另一側的提把

1
1
③車縫。
表主體（背面）

②對摺。

⑤對齊脇線，摺出袋底中心線，摺出寬度。
④燙開縫份。
⑥車縫。
1

⑤ 製作裡主體

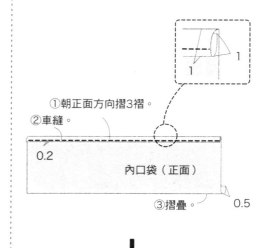

1
1
①朝正面方向摺3褶。
②車縫。
0.2
內口袋（正面）
③摺疊。
0.5

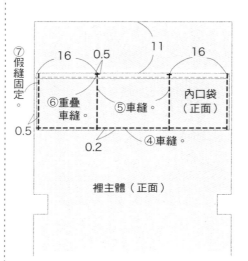

⑦假縫固定。
16 0.5 11 16
⑥重疊車縫
⑤車縫。
內口袋（正面）
0.5
0.2
④車縫。
裡主體（正面）

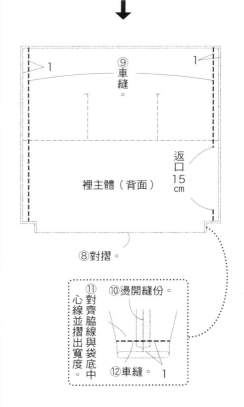

1
⑨車縫。
1
裡主體（背面）
返口15cm
⑧對摺。

⑪對齊脇線並摺出袋底中心線，摺出寬度。
⑩燙開縫份。
⑫車縫。
1

6 完成

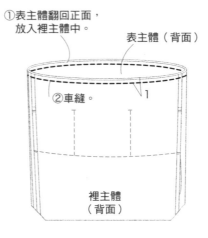

①表主體翻回正面，
放入裡主體中。

表主體（背面）

②車縫。

1

裡主體
（背面）

→

③車縫。

0.2

Navy Blue Closet

④翻至正面，縫合返口。

P.20 | **08**

手拿包（拉鍊款）

完成尺寸
寬28cm×高20cm

原寸紙型
無

材料

表布（尼龍撥水）⋯⋯⋯⋯⋯⋯⋯⋯⋯⋯⋯ 35cm×50cm
裡布（尼龍撥水）⋯⋯⋯⋯⋯⋯⋯⋯⋯⋯⋯ 60cm×50cm
拉鍊 27cm ⋯⋯⋯⋯⋯⋯⋯⋯⋯⋯⋯⋯⋯⋯⋯ 1條

裁布圖

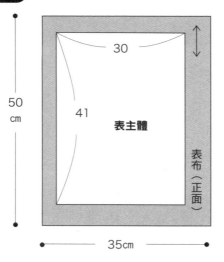

30

41

表主體

50cm

表布（正面）

35cm

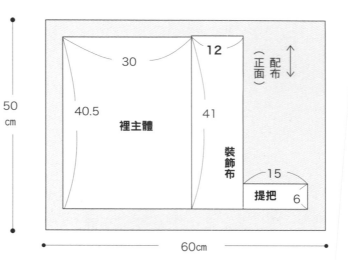

30

12

（正面）配布

40.5

裡主體

41

50cm

裝飾布

15

提把

6

60cm

製作重點
P

撥水加工的布料無法使用熨斗，所以須使
用骨筆壓摺線與燙開縫份。CEBONNER
質地較薄且織紋較細，可以珠針固定。

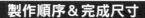

製作順序＆完成尺寸

1. 縫上裝飾布
2. 縫上提把
3. 安裝拉錬
4. 完成

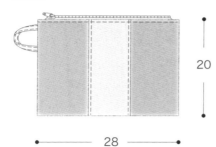

20

28

① 縫上裝飾布

①摺疊。

裝飾布（背面）

1

1

②對齊表主體與裝飾布的中心點。

中心

裝飾布（正面）

表主體（正面）

③車縫。

0.2

② 縫上提把

提把（正面）

1.5

1.5

①兩側向中心摺成3褶。

②摺疊。

0.2

1.5

③車縫。

0.2

提把（正面）

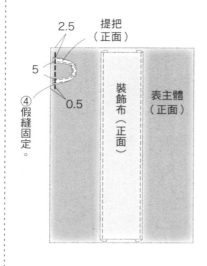

2.5

提把（正面）

5

0.5

④假縫固定。

裝飾布（正面）

表主體（正面）

③ 安裝拉錬

②對齊拉錬與表主體的中心點。

③對齊表主體與拉錬布帶邊緣。

中心　0.3

④假縫固定。

拉錬上止位置在提把側

①兩角摺成三角形。

表主體（正面）

拉錬（背面）

⑤裡主體與表主體正面相對疊合。

0.5

表主體（正面）

⑥車縫。

裡主體（背面）

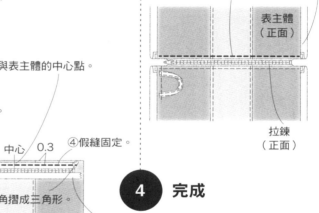

拉錬（正面）

0.2

⑦翻至正面。

⑧車縫。

裡主體（背面）

表主體（正面）

⑨以相同作法車縫另一側拉錬。

裡主體（背面）

表主體（正面）

拉錬（正面）

④ 完成

①對摺。

裡主體（背面）

返口12cm

②表主體與裡主體邊緣相對。

③車縫。

1

1

表主體（背面）

①對摺。

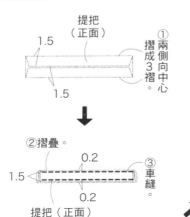

表主體（正面）

④翻至正面，車縫返口。

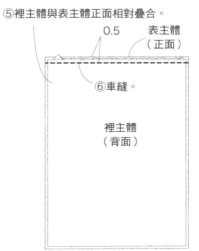

P.22 | **09**

庭園包L

- **完成尺寸**
  寬33cm×高33.5cm×側身14cm
- **原寸紙型**
  無

P.23 | **10**

庭園包S

- **完成尺寸**
  寬25cm×高25.5cm×側身14cm
- **原寸紙型**
  無

材料 09

表布（直條紋亞麻帆布）	98cm×110cm
裡布（棉厚織79號）	112cm×55cm
金屬牌飾	1個

材料 10

表布（直條紋亞麻帆布）	98cm×70cm
裡布（棉厚織79號）	112cm×50cm
金屬牌飾	1個

裁布圖

10

上方數字…10
下方數字…09
（只有1個數字代表相同）

裡布（正面）

裡主體 33.2 / 41.2 / 41 / 49
內口袋 19 / 15
6 / 7
50 / 55 cm 摺雙
112cm

09

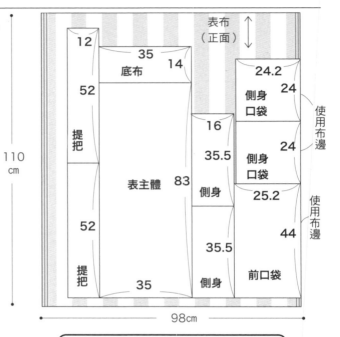

表布（正面）

110 cm
98cm

製作重點 P

當有側袋身時，必須先將主體與袋底縫合後再縫
兩側袋身。縫製時，主體底部的完成線須先剪開
0.8cm的切口。將切口完全打開對齊包角之後再縫
製兩側袋身。

製作順序&完成尺寸

1. 製作口袋與提把
2. 製作表主體
3. 製作裡主體
4. 完成

09

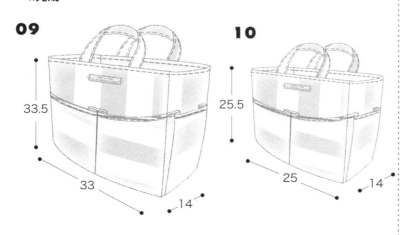

33.5
33
14

10

25.5
25
14

1 製作口袋與提把

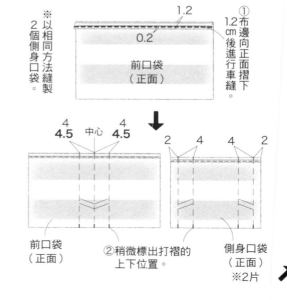

前口袋（正面）
1.2
0.2
① 布邊向正面摺下1.2cm後進行車縫。

※以相同方法縫製2個側身口袋。

4 / 4.5 / 中心 / 4.5 / 4
前口袋（正面）
②稍微標出打褶的上下位置。

2 / 4 / 4 / 2
側身口袋（正面）
※2片

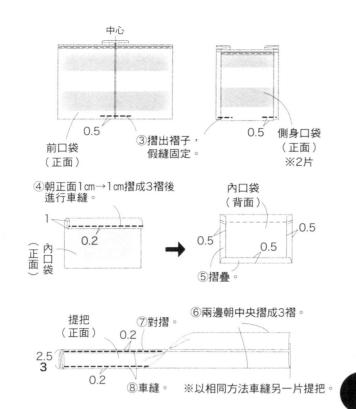

中心

前口袋
（正面）

0.5

③摺出褶子，
假縫固定。

0.5 側身口袋
（正面）
※2片

④朝正面1cm→1cm摺成3褶後
進行車縫。

內口袋
（背面）

1

0.2

內口袋
（正面）

0.5

0.5

⑤摺疊。

提把
（正面）

0.2

⑦對摺。

⑥兩邊朝中央摺成3褶。

2.5
3

0.2

⑧車縫。 ※以相同方法車縫另一片提把。

② 製作表主體

表主體
（正面）

4
6

中心

①安裝金屬牌飾。

9.5
12.5

前口袋
（正面）

③車縫中央線。

②假縫固定。

0.5

0.5

0.2

⑤車縫。

0.5

④摺入布邊疊於表主體上。

1

底布
（正面）

對齊中央點

⑥假縫固定。

4.5
6

中心

4.5
6

0.5

⑦假縫固定。

提把
（正面）

前口袋
（正面）

⑧切口。

7
中心
7

0.8

底布
（正面）

表主體
（正面）

提把
（正面）

0.5

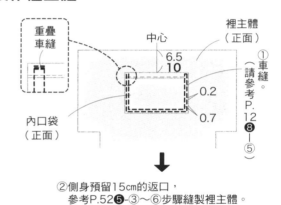

※以相同方法縫製另一片側袋身。

側身
（正面）

側身口袋
（正面）

⑨假縫固定。

0.5

0.5

※以相同方法縫製另一側。

側身
（背面）

⑪自上端車縫至切口。

表主體
（背面）

⑩對齊表主體與側袋身的中心點，車縫底部切口間的區段。

1

中心

1

打開切口

③ 製作裡主體

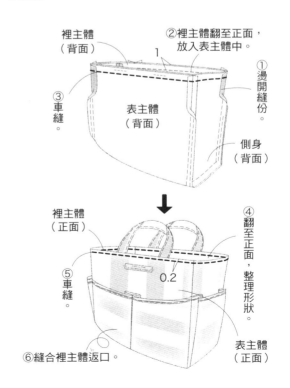

重疊車縫

中心

裡主體
（正面）

6.5
10

①車縫（請參考P.12⑧～⑤）

0.2

內口袋
（正面）

0.7

②側身預留15cm的返口，
參考P.52⑤-③～⑥步驟縫製裡主體。

④ 完成

裡主體
（背面）

②裡主體翻至正面，放入表主體中。

1

①燙開縫份。

③車縫。

表主體
（背面）

側身
（背面）

裡主體
（正面）

④翻至正面，整理形狀。

0.2

⑤車縫。

⑥縫合裡主體返口。

表主體
（正面）

摺口後背包

<table>
<tr><td>完成尺寸</td></tr>
</table>

寬30cm×高32cm×側身5cm

原寸紙型

無

材料

表布（10號石蠟加工）	112cm×85cm
裡布（11號帆布）	55cm×105cm
裡布（棉厚織79號）	112cm×60cm
四角環 40mm	2個
調整環 40mm	2個
皮革釦環零件	1組

裁布圖

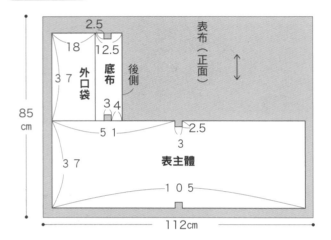

表布（正面）

2.5
18　12.5
外口袋　底布　後側
3 7
3 4
5 1　2.5
3
表主體
3 7
1 0 5
85 cm
112cm

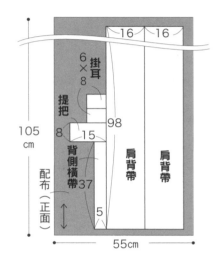

16↑16
6×8 掛耳
提把
8　15　98
背側橫帶 37
肩背帶　肩背帶
5
配布（正面）
105 cm
55cm

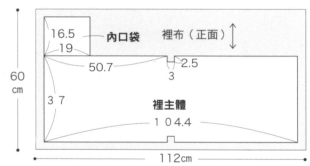

裡布（正面）
16.5
內口袋
19
50.7　2.5
3
裡主體
3 7
1 0 4.4
60 cm
112cm

製作重點 Ⓟ

主體與肩背帶接合處吃力最重，所以縫製時必須縫得牢固，背側橫帶與底布兩側都須進行雙層車縫作補強。第一層的針腳若能車縫接合處的根部3次會更加堅固。

製作順序＆完成尺寸

1.製作肩背帶與提把
2.製作表主體
3.製作裡主體
4.完成

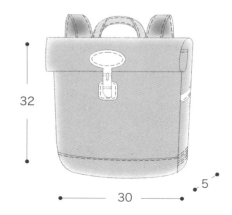

32
30
5

① 製作肩背帶＆提把

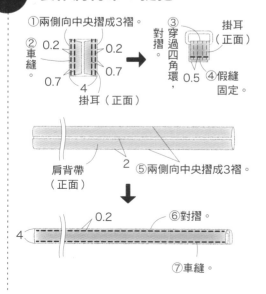

①兩側向中央摺成3褶。
②車縫。
0.2　0.2
0.7
0.7
0.5
4
掛耳（正面）

③穿過四角環，對摺。
掛耳（正面）
④假縫固定。

⑤兩側向中央摺成3褶。
肩背帶（正面）
2

⑥對摺。
0.2
4
⑦車縫。

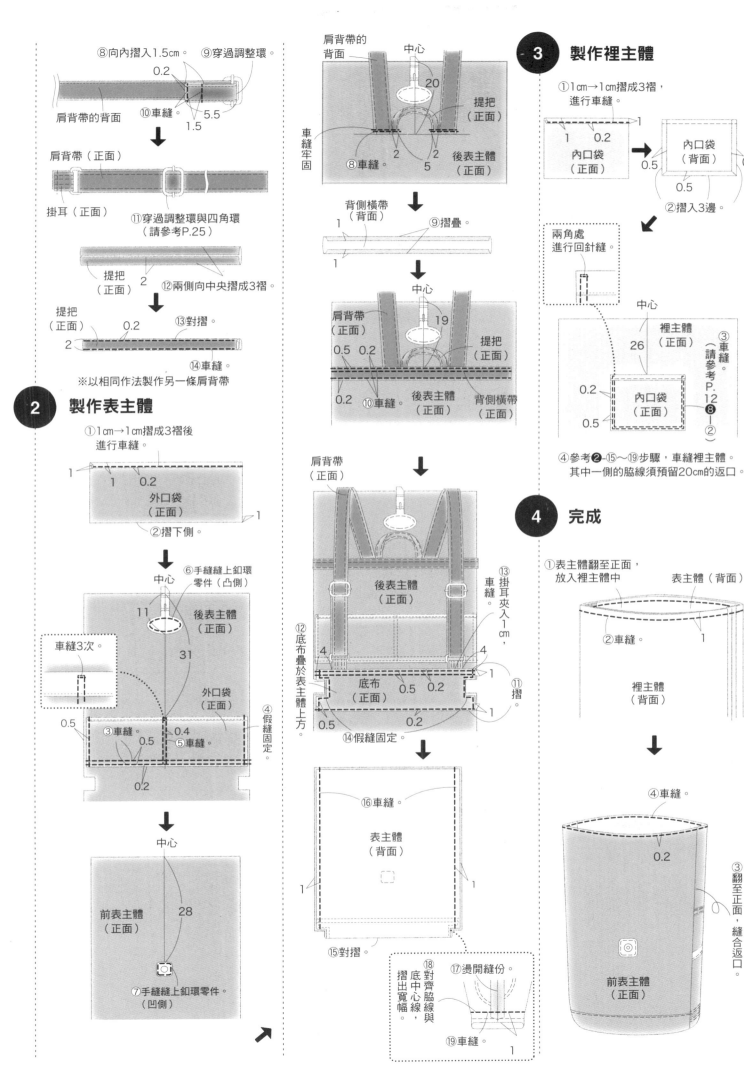

⑧向內摺入1.5cm。　⑨穿過調整環。
0.2
肩背帶的背面
⑩車縫。
5.5
1.5

肩背帶（正面）
掛耳（正面）　⑪穿過調整環與四角環（請參考P.25）

提把（正面）
2　⑫兩側向中央摺成3褶。

提把（正面）
0.2
2　⑬對摺。
⑭車縫。

※以相同作法製作另一條肩背帶

② 製作表主體

①1cm→1cm摺成3褶後進行車縫。
1
0.2
外口袋（正面）
1
②摺下側。

⑥手縫縫上釦環零件（凸側）
中心
11
後表主體（正面）
車縫3次。
31
外口袋（正面）
0.5
③車縫。　0.4　⑤車縫。
0.5
0.2
④假縫固定

中心
前表主體（正面）
28
⑦手縫縫上釦環零件。（凹側）

肩背帶的背面
中心
20
提把（正面）
車縫牢固
⑧車縫。
2　2
5
後表主體（正面）

背側橫帶（背面）
1
⑨摺疊。
1

中心
肩背帶（正面）
19
提把（正面）
0.5 0.2
0.2
⑩車縫。　後表主體（正面）　背側橫帶（正面）

肩背帶（正面）
後表主體（正面）
⑬掛耳夾入1cm，車縫。
4　4
⑫底布疊於表主體上方。
底布（正面）
0.5　0.2
⑪摺。
1　1
0.5　0.2
⑭假縫固定

表主體（背面）
⑯車縫。
1　1
⑮對摺。

⑱對齊脇線與底中心線，摺出寬幅。
⑰燙開縫份。
⑲車縫。
1

③ 製作裡主體

①1cm→1cm摺成3褶，進行車縫。
1
1　0.2
內口袋（正面）
0.5
內口袋（背面）
0.5
0.5
②摺入3邊。

兩角處進行回針縫。

中心
26
裡主體（正面）
0.2
內口袋（正面）
0.5
③車縫。（請參考P.12 ❸—②）

④參考❷-⑮～⑲步驟，車縫裡主體。其中一側的脇線須預留20cm的返口。

④ 完成

①表主體翻至正面，放入裡主體中
表主體（背面）
②車縫。
1
裡主體（背面）

④車縫。
0.2
③翻至正面，縫合返口。
前表主體（正面）

肩包

（完成尺寸）
寬27cm×高24cm×側身15cm

（原寸紙型）
A面（只有表・裡袋蓋、表・裡底）

材料

表布（亞麻帆布）	80cm×30cm
配布（亞麻帆布）	45cm×150cm
裡布（棉厚織79號）	85cm×55cm
接著襯（厚）	85cm×55cm
D形環 20mm	1個
調整環 20mm	1個
磁釦 18mm	1組
牛角釦 45mm	1個

裁布圖

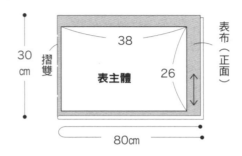

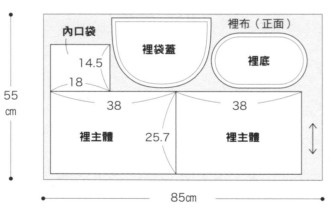

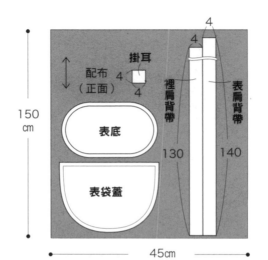

製作重點 ⓟ

想以厚度較薄的材料作出堅挺的包包時，只要貼上較厚的接著襯即可。為了避免縫份變厚，接著襯須貼於完成線內。

製作順序＆完成尺寸

1. 縫前準備
2. 製作肩背帶
3. 製作袋蓋
4. 製作主體
5. 縫上袋底
6. 完成

1　縫製前的準備

① ▢的部分貼接著襯。

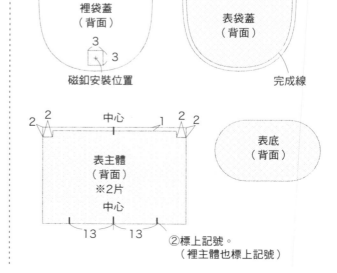

② 標上記號。
（裡主體也標上記號）

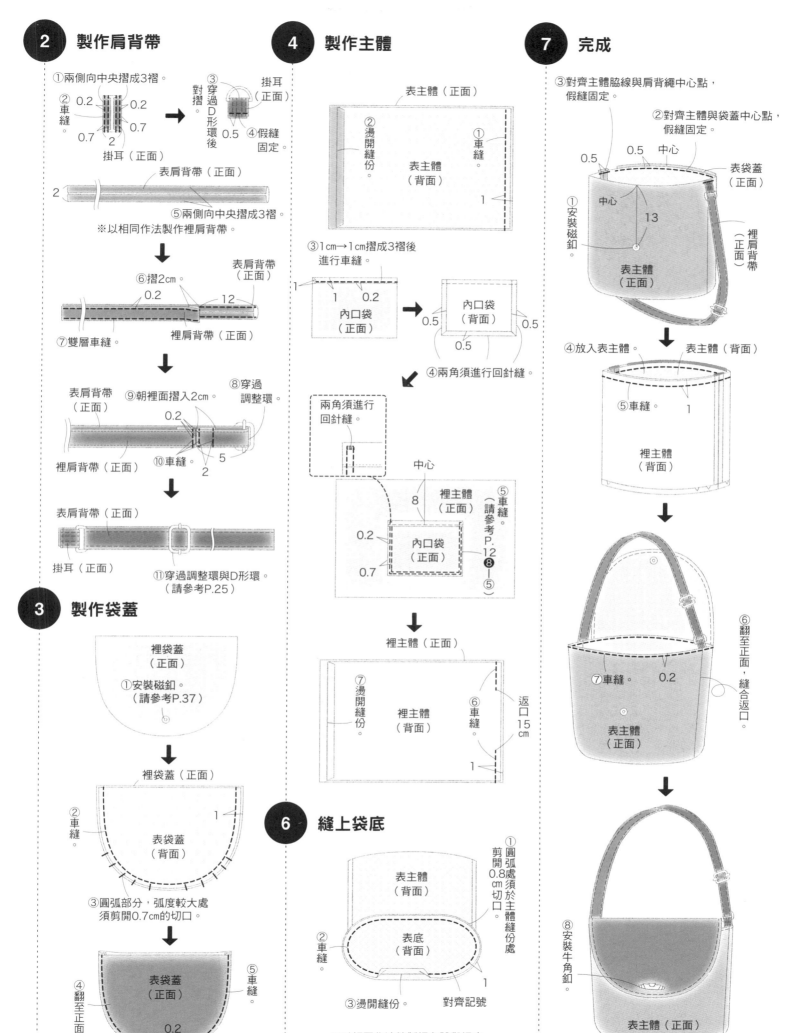

2　製作肩背帶

①兩側向中央摺成3褶。

②車縫。 0.2　0.2
0.7　0.7
2
掛耳（正面）

③穿過D形環後
對摺

掛耳（正面）

0.5
④假縫固定。

表肩背帶（正面）

2

⑤兩側向中央摺成3褶。
※以相同作法製作裡肩背帶。

⑥摺2cm。 0.2　12
表肩背帶（正面）
裡肩背帶（正面）

⑦雙層車縫。

⑨朝裡面摺入2cm。
表肩背帶（正面）
0.2
⑧穿過調整環。
裡肩背帶（正面）
⑩車縫。　5
2

表肩背帶（正面）
掛耳（正面）
⑪穿過調整環與D形環。
（請參考P.25）

3　製作袋蓋

裡袋蓋（正面）
①安裝磁釦。
（請參考P.37）

裡袋蓋（正面）
②車縫。
1
表袋蓋（背面）

③圓弧部分，弧度較大處須剪開0.7cm的切口。

④翻至正面。
表袋蓋（正面）
⑤車縫。
0.2

4　製作主體

表主體（正面）

②燙開縫份。
表主體（背面）
①車縫。
1

③1cm→1cm摺成3褶後進行車縫。

1　1　0.2
內口袋（正面）
→
內口袋（背面）
0.5　0.5
0.5

④兩角須進行回針縫。

兩角須進行回針縫。

中心
8
裡主體（正面）
0.2
內口袋（正面）
0.7
⑤車縫。（請參考P.12⑧～⑤）

裡主體（正面）

⑦燙開縫份。
裡主體（背面）
⑥車縫。
返口15cm
1

6　縫上袋底

①圓弧處須於主體縫份處剪開0.8cm切口
表主體（背面）
②車縫。
表底（背面）
③燙開縫份。　對齊記號
1

※以相同作法縫製裡主體與裡底。

7　完成

③對齊主體脇線與肩背繩中心點，假縫固定。

②對齊主體與袋蓋中心點，假縫固定。

0.5　0.5　中心
表袋蓋（正面）
①安裝磁釦。
中心
13
表主體（正面）
裡肩背帶（正面）

④放入表主體。
表主體（背面）
⑤車縫。
1
裡主體（背面）

⑦車縫。　0.2
⑥翻至正面，縫合返口。
表主體（正面）

⑧安裝牛角釦。

表主體（正面）

迷你波士頓包

〔完成尺寸〕
寬24cm×高16cm×側身12cm

〔原寸紙型〕
A面（只有表‧裡主體）

材料

表布（10號帆布石蠟加工）	‥‥‥‥‥	75cm×50cm
裡布（棉厚織79號）	‥‥‥‥‥	75cm×50cm
配布（11號帆布）	‥‥‥‥‥	75cm×140cm
綾織帶 寬2cm	‥‥‥‥‥	170cm
拉鍊 32cm	‥‥‥‥‥	1條
D形環 20mm	‥‥‥‥‥	2個
鉤釦 15mm	‥‥‥‥‥	2個
調整環 15mm	‥‥‥‥‥	1個

裁布圖

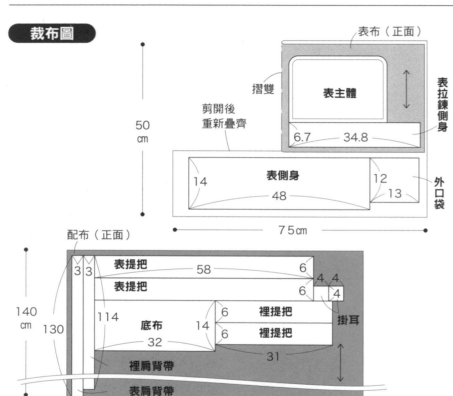

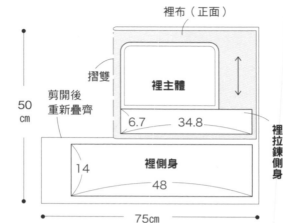

製作重點 Ⓟ

主體上部圓弧須先準確地對齊記號後再進行車縫。與拉鍊襯布圓弧處縫合的部分，須剪開0.8cm的切口，並以拉鍊襯布在上的方向打開切口縫合。

製作順序＆完成尺寸

1. 製作肩背帶
2. 製作外口袋與提把，與表主體縫合
3. 製作拉鍊襯布
4. 製作掛耳
5. 製作側袋身
6. 縫合表主體與側袋身 ＆完成

1 製作肩背帶

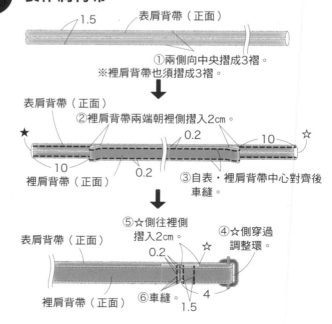

①兩側向中央摺成3褶。
※裡肩背帶也須摺成3褶。

②裡肩背帶兩端朝裡側摺入2cm。
③自表‧裡肩背帶中心對齊後車縫。

④☆側穿過調整環。
⑤☆側往裡側摺入2cm。
⑥車縫。

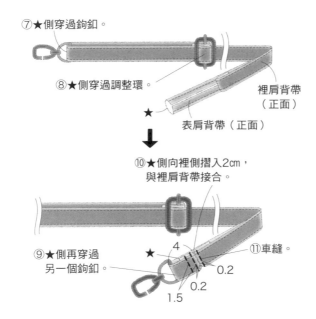

⑦★側穿過鉤釦。

⑧★側穿過調整環。

裡肩背帶（正面）

表肩背帶（正面）

★

⑩★側向裡側摺入2cm，與裡肩背帶接合。

⑨★側再穿過另一個鉤釦。

★

4

⑪車縫。

0.2

0.2

1.5

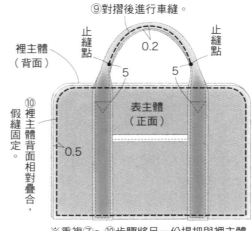

⑨對摺後進行車縫。

止縫點

止縫點

0.2

裡主體（背面）

5

5

表主體（正面）

⑩裡主體背面相對疊合，假縫固定。

0.5

※重複⑦~⑩步驟將另一份提把與裡主體與另一片表主體縫合（無外口袋）

② 縫上外口袋與提把

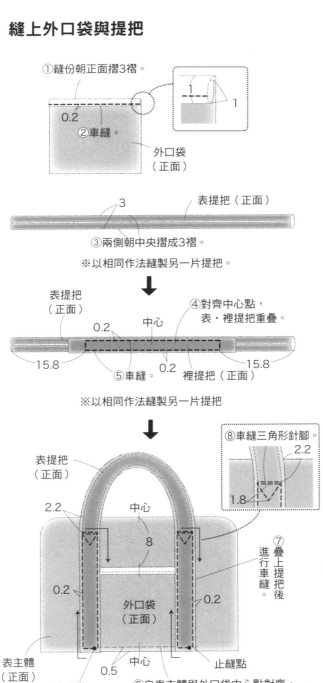

①縫份朝正面摺3褶。

0.2

②車縫。

1

1

外口袋（正面）

3

表提把（正面）

③兩側朝中央摺成3褶。

※以相同作法縫製另一片提把。

表提把（正面）

中心

0.2

④對齊中心點，表‧裡提把重疊。

15.8

⑤車縫。

0.2

15.8

裡提把（正面）

※以相同作法縫製另一片提把

表提把（正面）

2.2

中心

⑧車縫三角形針腳。

2.2

1.8

8

⑦疊上提把後進行車縫。

0.2

0.2

外口袋（正面）

表主體（正面）

始縫點

0.5

中心

止縫點

⑥自表主體與外口袋中心點對齊，假縫固定。

③ 製作拉鍊襯布

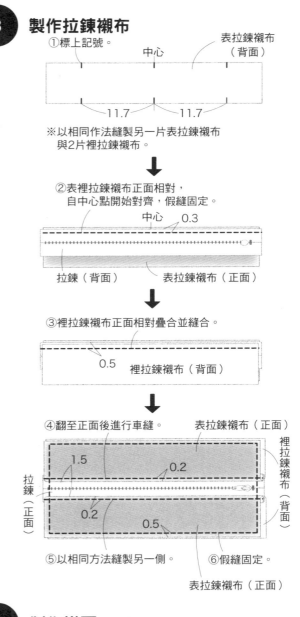

①標上記號。

中心

表拉鍊襯布（背面）

11.7

11.7

※以相同作法縫製另一片表拉鍊襯布與2片裡拉鍊襯布。

②表裡拉鍊襯布正面相對，自中心點開始對齊，假縫固定。

中心

0.3

拉鍊（背面）

表拉鍊襯布（正面）

③裡拉鍊襯布正面相對疊合並縫合。

0.5

裡拉鍊襯布（背面）

④翻至正面後進行車縫。

表拉鍊襯布（正面）

1.5

0.2

裡拉鍊襯布（背面）

拉鍊（正面）

0.2

0.5

⑤以相同方法縫製另一側。

⑥假縫固定。

表拉鍊襯布（正面）

④ 製作掛耳

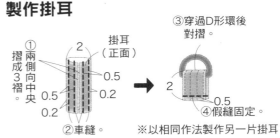

③穿過D形環後對摺。

①兩側向中央摺成3褶。

2

掛耳（正面）

0.5

0.5

0.2

0.2

②車縫。

2

0.5

④假縫固定。

※以相同作法製作另一片掛耳

5 製作側袋身

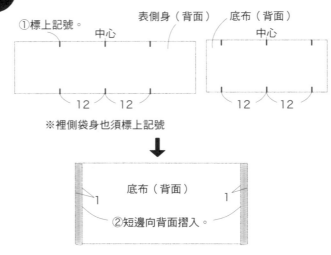

①標上記號。
中心
表側身（背面）
底布（背面）
中心
12　12
12　12

※裡側袋身也須標上記號

↓

底布（背面）
1　1
②短邊向背面摺入。

↓

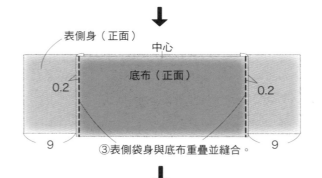

表側身（正面）
中心
底布（正面）
0.2　0.2
9　9
③表側袋身與底布重疊並縫合。

↓

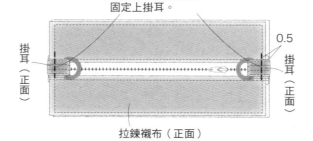

④拉鍊襯布兩端假縫固定上掛耳。
掛耳（正面）
掛耳（正面）
0.5
拉鍊襯布（正面）

↓

拉鍊襯布（正面）
1
表側袋身（背面）
⑤拉鍊襯布與表側袋身正面相對疊合，進行車縫。

↓

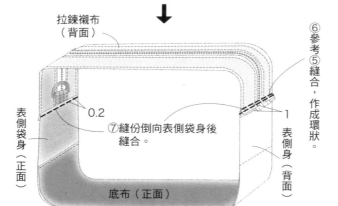

拉鍊襯布（背面）
⑥參考⑤縫合，作成環狀。
0.2
表側袋身（正面）
⑦縫份倒向表側袋身後縫合。
表側身（背面）
1
底布（正面）

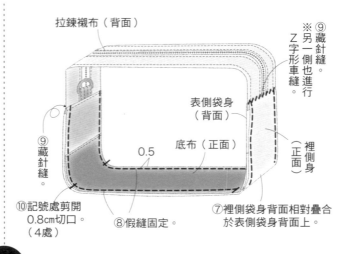

拉鍊襯布（背面）
⑨藏針縫。
※另一側也進行Z字形車縫。
表側袋身（背面）
底布（正面）
裡側身（正面）
⑨藏針縫。
0.5
⑩記號處剪開0.8cm切口。（4處）
⑧假縫固定。
⑦裡側袋身背面相對疊合於表側袋身背面上。

6 縫合主體與側袋身＆完成

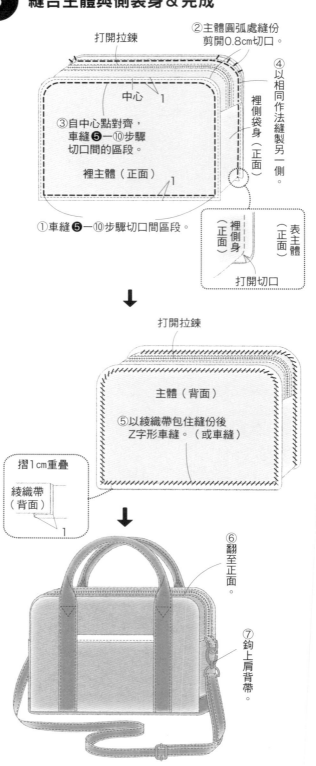

打開拉鍊
②主體圓弧處縫份剪開0.8cm切口。
④以相同作法縫製另一側。
中心　1
裡側袋身（正面）
③自中心點對齊，車縫❺―⑩步驟切口間的區段。
裡主體（正面）
1
①車縫❺―⑩步驟切口間區段。

裡側身（正面）
表主體（正面）
打開切口

↓

打開拉鍊
主體（背面）
⑤以綾織帶包住縫份後Z字形車縫。（或車縫）

摺1cm重疊
綾織帶（背面）
1

↓

⑥翻至正面。
⑦鉤上肩背帶。

後背包

(完成尺寸)
寬26cm×高37.5cm×側身15cm

(原寸紙型)
B面（只有表・裡袋蓋、表・裡底）

材料

表布（棉帆布10號）・・・・・・・・・・・・・・・・・・・・・	112cm×50cm
裡布（棉厚織79號）・・・・・・・・・・・・・・・・・・・・・	112cm×70cm
配布（11號帆布）・・・・・・・・・・・・・・・・・・・・・・・	60cm×40cm
磁釦大18mm・・・・・・・・・・・・・・・・・・・・・・・・・・	1組
磁釦小14mm・・・・・・・・・・・・・・・・・・・・・・・・・・	2組
後背包繩・・・・・・・・・・・・・・・・・・・・・・・・・・・・・	1組
皮革繩 寬2mm・・・・・・・・・・・・・・・・・・・・・・・・・	180cm
接著襯（厚）・・・・・・・・・・・・・・・・・・・・・・・・・・	60cm×30cm

裁布圖

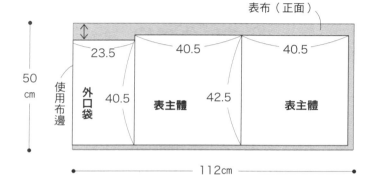

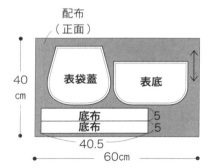

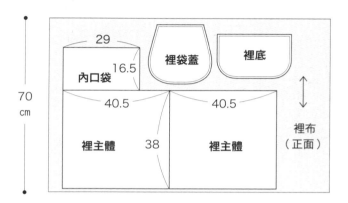

製作重點 Ⓟ

翻蓋表布須於完成線內貼上接著襯。車縫時，接著襯邊緣即成為引導線，較容易車縫。將翻蓋翻回正面時，先於圓弧部分剪開0.3cm的切口，就能避免形狀走樣。

製作順序&完成尺寸

1. 縫前準備
2. 製作前表主體
3. 製作後表主體
4. 製作裡主體
5. 製作主體
6. 縫合表裡主體
7. 完成

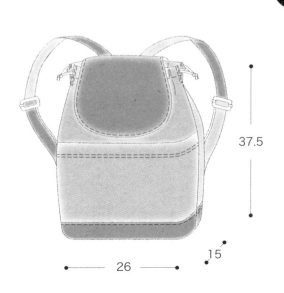

➊ 縫製前的準備

① ▱ 的部分貼接著襯

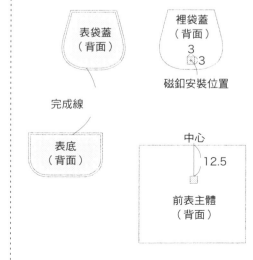

2　製作前表主體

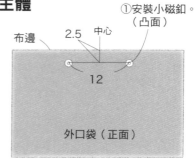

①安裝小磁釦。
（凸面）

布邊　　2.5　中心

12

外口袋（正面）

②摺疊。

3.5

3　2.5　　布邊　③車縫。

外口袋（背面）

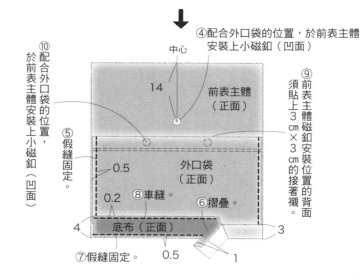

④配合外口袋的位置，於前表主體
安裝上小磁釦（凹面）

⑩於配合外口袋的位置，於前表主體安裝上小磁釦（凹面）

中心

14　　前表主體（正面）

⑨前表主體磁釦安裝位置的背面須貼上3㎝×3㎝的接著襯。

⑤假縫固定。

外口袋（正面）

0.5

0.2　⑧車縫。　⑥摺疊。

4　底布（正面）　　3

⑦假縫固定。　0.5　　1

3　製作後表主體

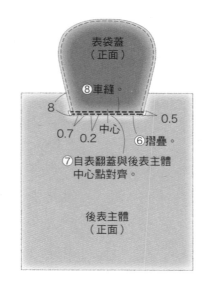

表袋蓋（正面）

⑧車縫。

8　　　　　　　　0.5
0.7　0.2　　⑥摺疊。
　　中心

⑦自表翻蓋與後表主體
中心點對齊。

後表主體（正面）

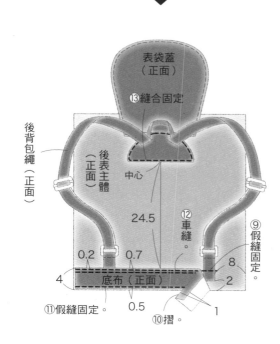

表袋蓋（正面）

⑬縫合固定

後背包繩（正面）

後表主體（正面）

中心

24.5

⑫車縫。

⑨假縫固定。

0.2　0.7

4　底布（正面）　2

⑪假縫固定。　0.5　　1

⑩摺。

4　製作裡主體

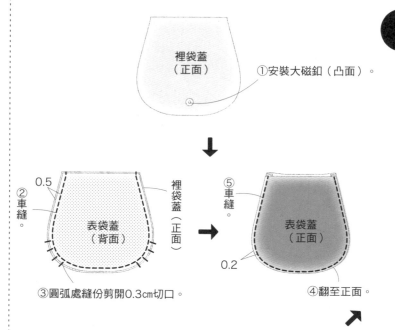

裡袋蓋（正面）

①安裝大磁釦（凸面）。

②車縫。　0.5

表袋蓋（背面）　　裡袋蓋（正面）

⑤車縫。

表袋蓋（正面）

0.2

③圓弧處縫份剪開0.3㎝切口。　④翻至正面。

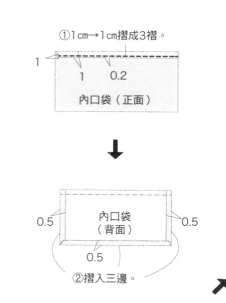

①1cm→1cm摺成3褶。

1

1　　0.2

內口袋（正面）

0.5　　內口袋（背面）　　0.5

0.5

②摺入三邊。

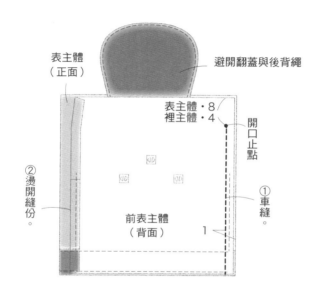

中心

後裡主體
（正面）

15

④雙層車縫。

0.5

④車縫。

③車縫。
（P.128 ❽–⑤參照）

0.2　　0.7

內口袋
（正面）

兩角須
進行回針縫

5 **製作主體**

表主體
（正面）

避開翻蓋與後背繩

②燙開縫份。

表主體・8
裡主體・4

開口止點

①車縫。

前表主體
（背面）

1

※以相同作法縫製裡主體

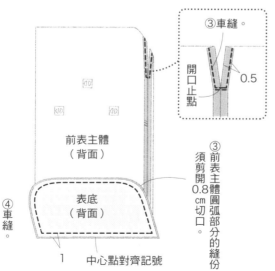

③車縫。

開口止點

0.5

※裡主體與裡底以相同作法車縫

前表主體
（背面）

④車縫。

表底
（背面）

1

中心點對齊記號

③前表主體圓弧部分的縫份須剪開0.8cm切口。

6 **縫合表裡主體**

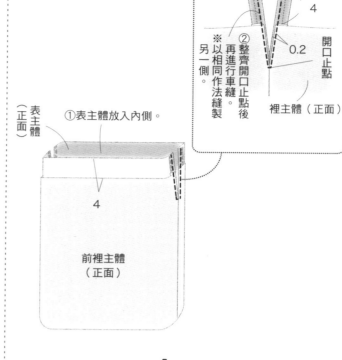

表主體（背面）

4

0.2

②整齊開口止點後再進行車縫。
※以相同作法縫製另一側。

開口止點

裡主體（正面）

①表主體放入內側。

表主體
（正面）

4

前裡主體
（正面）

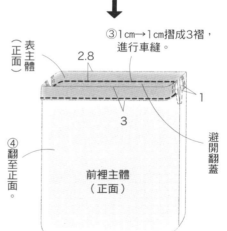

③1cm→1cm摺成3褶，進行車縫。

表主體
（正面）

2.8

3

1

避開翻蓋

④翻至正面。

前裡主體
（正面）

7 **完成**

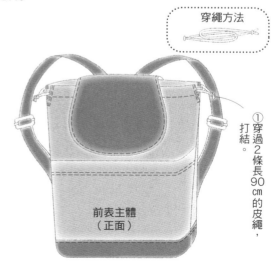

穿繩方法

①穿過2條長90cm的皮繩，打結。

前表主體
（正面）

平板手提包

（完成尺寸）
寬42cm×高40cm

（原寸紙型）
無

材料

表布（8號酵素洗帆布）·······················50cm×90cm
裡布（棉條紋布）·······························50cm×90cm
榻榻米滾邊布 寬約8cm ·······················220cm
手縫線 ···適量

裁布圖

表布（正面）

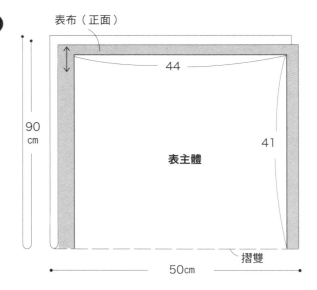

表主體

90 cm

44

41

摺雙

50cm

裡布（正面）

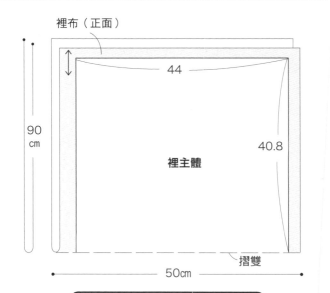

裡主體

90 cm

44

40.8

摺雙

50cm

製作重點
Ⓟ

榻榻米滾邊布無法以熨斗處理，所以必
須以骨筆押平後再將兩端摺入。縫製袋
口時，與Bobbing work部分保持0.5cm以
上的間隔，外觀就能很漂亮。

製作順序&完成尺寸

1.Bobbing work
2.製作主體
3.製作提把
4.完成

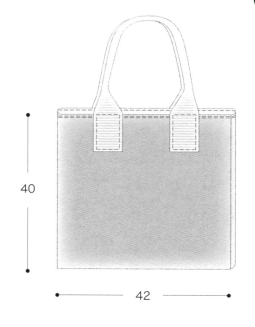

40

42

1 **Bobbing work**

①Bobbing work
（請參考P.17）

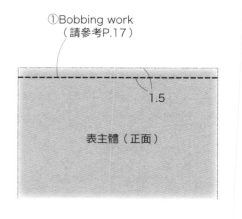

1.5

表主體（正面）

※另一側也進行Bobbing work

2 製作主體

裡主體（正面）

0.5

①表裡主體正面相對疊合，車縫袋口。

表主體（背面）

※以相同作法車縫另一側。

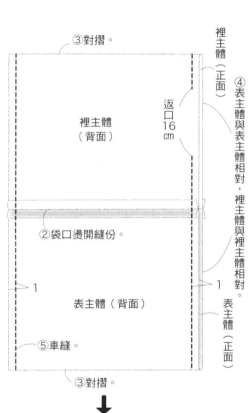

③對摺。

裡主體（正面）

裡主體（背面）

返口 16cm

④表主體與表主體相對，裡主體與裡主體相對。

②袋口燙開縫份。

1

表主體（背面）

1

表主體（正面）

⑤車縫。

③對摺。

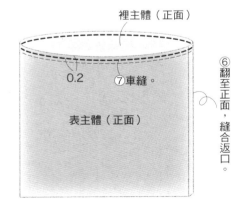

裡主體（正面）

0.2

⑦車縫。

表主體（正面）

⑥翻至正面，縫合返口。

3 製作提把

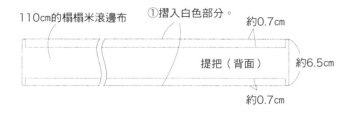

110cm的榻榻米滾邊布

①摺入白色部分。

約0.7cm

提把（背面）

約6.5cm

約0.7cm

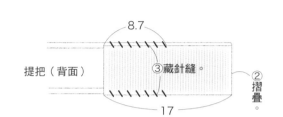

8.7

提把（背面）

③藏針縫。

②摺疊。

17

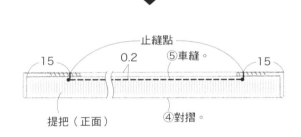

止縫點

15

0.2

⑤車縫。

15

提把（正面）

④對摺。

※以相同作法製作另一條提把

4 完成

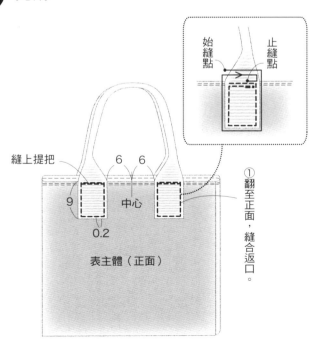

始縫點　止縫點

縫上提把

6　6

9

中心

0.2

表主體（正面）

①翻至正面，縫合返口。

單肩包

完成尺寸
寬34cm×高33.5cm×側身14cm

原寸紙型
B面（只有表‧裡主體、表‧裡底）

材料

表布（10號帆布石蠟加工）	112cm×70cm
裡布（棉厚織79號）	112cm×70cm
接著襯（薄）	10cm×5cm
磁釦 18mm	1組
皮繩 寬25mm	60cm
裝飾釦	1個

裁布圖

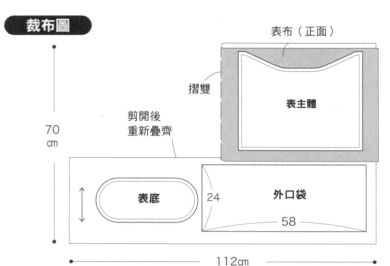

表布（正面）

摺雙

表主體

剪開後
重新疊齊

70 cm

表底

24　外口袋

58

112cm

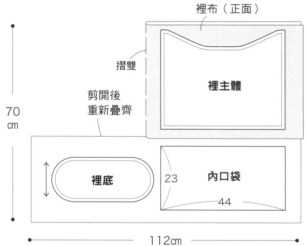

裡布（正面）

摺雙

裡主體

剪開後
重新疊齊

70 cm

裡底

23　內口袋

44

112cm

製作重點 Ⓟ

磁釦安裝布面的背後須貼上接著襯補強（請參考P.37）。縫合皮革時，須使用皮革用車針與線，一針一針地慢慢車縫。

製作順序&完成尺寸

1. 製作口袋
2. 製作表主體
3. 製作裡主體&表主體縫合

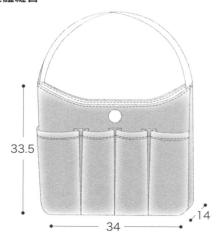

33.5

34

14

1　製作口袋

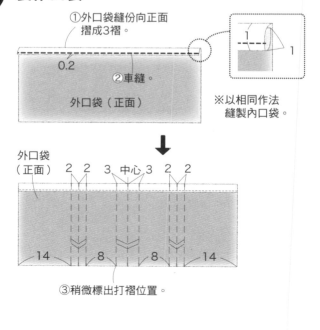

①外口袋縫份向正面摺成3褶。

0.2

②車縫。

外口袋（正面）

1

1

※以相同作法縫製內口袋。

外口袋（正面）

2　2　3　中心　3　2　2

14　8　8　14

③稍微標出打褶位置。

② 製作表主體

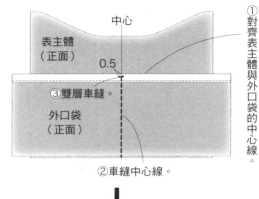

中心
表主體（正面）
0.5
③雙層車縫。
外口袋（正面）
②車縫中心線。
①對齊表主體與外口袋的中心線。

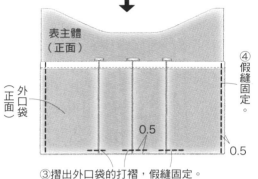

表主體（正面）
④假縫固定。
外口袋（正面）
0.5
0.5
③摺出外口袋的打褶，假縫固定。

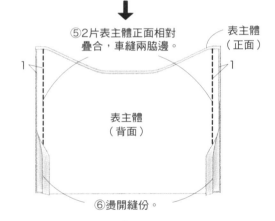

⑤2片表主體正面相對疊合，車縫兩脇邊。
表主體（正面）
1
1
表主體（背面）
⑥燙開縫份。

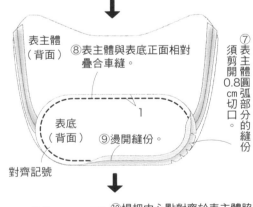

表主體（背面）
⑧表主體與表底正面相對疊合車縫。
1
表底（背面）
⑨燙開縫份。
對齊記號
⑦表主體圓弧部分的縫份須剪開0.8cm切口。

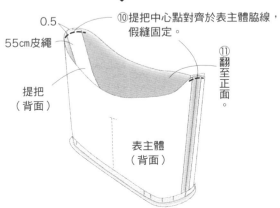

0.5
⑩提把中心點對齊於表主體脇線，假縫固定。
55cm皮繩
提把（背面）
⑪翻至正面。
表主體（背面）

③ 製作裡主體＆表主體縫合

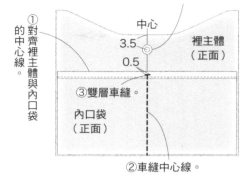

④於安裝位置的背側貼上3cm×3cm接著襯後再裝上磁釦（請參考P.37）。
中心
3.5
裡主體（正面）
0.5
③雙層車縫。
內口袋（正面）
②車縫中心線。
①對齊裡主體與內口袋的中心線。
※另一片裡主體也須安裝上磁釦

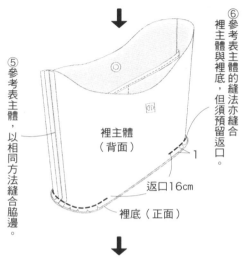

⑤參考表主體，以相同方法縫合脇邊。
⑥參考表主體與裡底的縫法亦縫合裡主體與裡底，但須預留返口。
裡主體（背面）
1
返口16cm
裡底（正面）

表主體（背面）
⑦表主體與裡主體正面相對疊合縫合。
1
裡主體（背面）

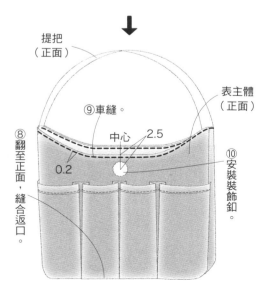

提把（正面）
⑨車縫。
中心
2.5
0.2
表主體（正面）
⑧翻至正面，縫合返口。
⑩安裝裝飾釦。

木製口金肩包

（完成尺寸）
寬23cm×高19cm×側身15cm

（原寸紙型）
B面（只有表・裡主體、表・裡側身）

材料

表布（直條紋亞麻帆布）……………………… 95cm×40cm
裡布（棉厚織79號）……………………………… 95cm×40cm
木製口金（寬25cm高8cm）…………………………… 1個
肩背帶型提把
（長約100cm～120cm）…………………………… 1個

裁布圖

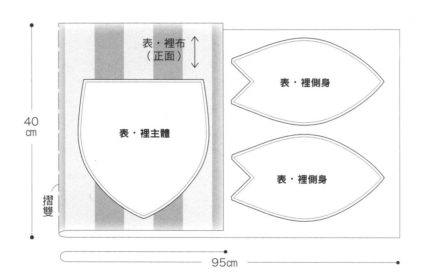

40cm

摺雙

95cm

表・裡布
（正面）

表・裡側身

表・裡主體

表・裡側身

製作重點
Ⓟ
手工藝用白膠建議選用擠口細長的款式。主體袋口須先準確地與口金中心對齊，再以錐子等工具從中央向左右將袋口押入溝中。

製作順序&完成尺寸

1.縫合主體與側袋身
2.縫合表主體與裡主體
3.安裝口金

① 縫合主體與側袋身

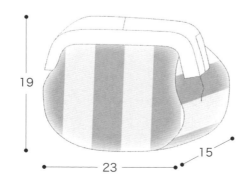

19

23

15

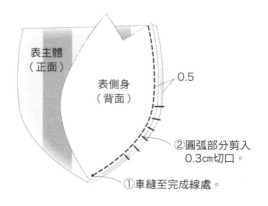

表主體
（正面）

表側身
（背面）

0.5

②圓弧部分剪入
0.3cm切口。

①車縫至完成線處。

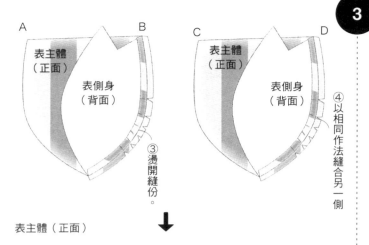

A　B　表主體（正面）　表側身（背面）　C　D　表主體（正面）　表側身（背面）

③燙開縫份。

④以相同作法縫合另一側

表主體（正面）

⑤尚未縫合的表主體與側袋身正面相對疊合縫合。

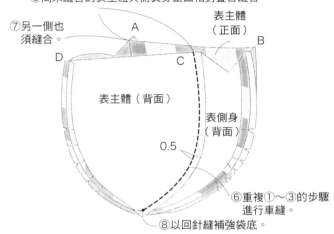

⑦另一側也須縫合。

A　B　表主體（正面）

D　C

表主體（背面）

表側身（背面）

0.5

⑥重複①～③的步驟進行車縫。

⑧以回針縫補強袋底。

※以相同作法縫製裡主體

② 縫合表主體與裡主體

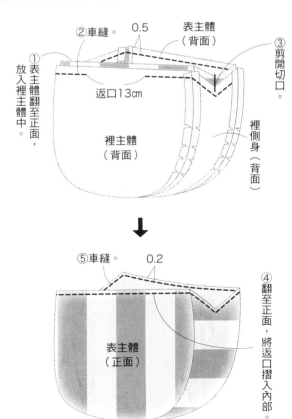

②車縫。　0.5　表主體（背面）

③剪開切口。

①表主體翻至正面，放入裡主體中。

返口13cm

裡主體（背面）

裡側身（背面）

⑤車縫。　0.2

⑥釘上提把。

表主體（正面）

④翻至正面，將返口摺入內部。

③ 安裝口金

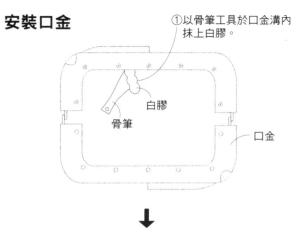

①以骨筆工具於口金溝內抹上白膠。

白膠

骨筆

口金

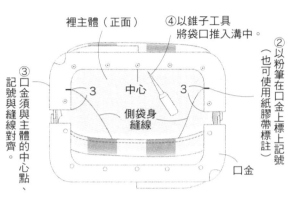

裡主體（正面）

④以錐子工具將袋口推入溝中。

③口金須與主體的中心點、記號與縫線對齊。

中心

3　3

②以粉筆在口金上標上記號（也可使用紙膠帶標註）

側袋身縫線

口金

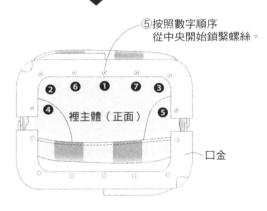

⑤按照數字順序從中央開始鎖緊螺絲。

❷ ❻ ❶ ❼ ❸
❹　　　　　❺

裡主體（正面）

口金

※以相同作法處理另一側

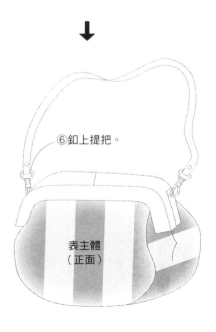

⑥釘上提把。

表主體（正面）

筒狀肩包

(完成尺寸)
寬24cm×高38cm×側身13cm

(原寸紙型)
無

材料

表布（雙條紋織）................................	110cm×50cm
配布（11號帆布）................................	75cm×50cm
裡布（11號帆布）................................	112cm×80cm
D形環 45mm	2個
裝飾標籤	1片

裁布圖

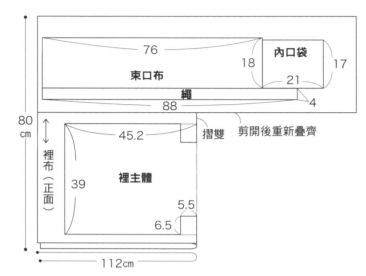

76
18 內口袋 17
束口布
21
繩
88 4
80cm
剪開後重新疊齊
摺雙
裡布（正面）
45.2 摺雙
裡主體
39
5.5
6.5
112cm

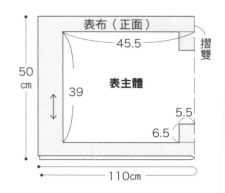

表布（正面）
45.5 摺雙
50cm
表主體
39
5.5
6.5
110cm

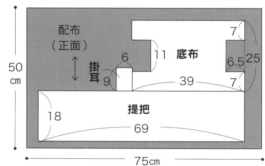

配布（正面）
7
6 11 底布
50cm 掛耳 6.5 25
9 39 7
18 提把
69
75cm

製作重點
Ⓟ
開口為束口款式包包，縫製時必須先將束口布假固定於裡主體上，再疊上表主體（兩者正面相對）再進行縫合。車縫時，須確實對齊兩側脇線，將提把收於內側，避免縫到提把。

製作順序&完成尺寸

1.製作提把、掛耳
2.製作表主體
3.製作裡主體
4.製作束口布
5.完成

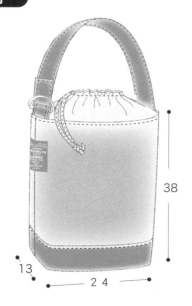

38
13
24

① 製作提把&掛耳

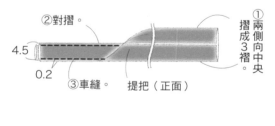

②對摺。
①兩側向中央摺成3褶。
4.5
0.2
③車縫。 提把（正面）

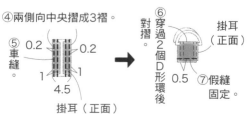

④兩側向中央摺成3褶。
⑤車縫。 0.2 0.2
1 1
4.5
掛耳（正面）
⑥穿過2個D形環後
對摺。
掛耳（正面）
0.5
⑦假縫固定。

② 縫製表主體

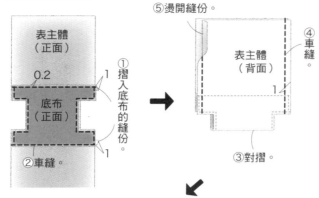

表主體（正面）
0.2
底布（正面）
②車縫。
①摺入底布的縫份。
1

⑤燙開縫份。
表主體（背面）
④車縫。
③對摺。
1

⑦縫上裝飾標籤。
脇線
5
0.2
⑧對齊提把、裝飾標籤中央與脇線，假縫固定。
⑥對齊脇線與袋底中心線，摺出寬幅後進行車縫。
脇線
0.5
掛耳（正面）
表主體（背面）
提把（正面）
1

③ 製作裡主體

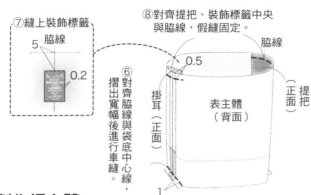

①1.2cm→1.3cm摺成3褶。
0.2
內口袋（正面）

內口袋（背面）
0.5
0.5
0.5
②摺疊。

兩角進行回針縫。
③疊上內口袋。
中心
裡主體（正面）
8
④車縫（請參考P.12⑧-⑤）。
內口袋（正面）
1
0.2

※其中一側的脇線預留13cm返口，參考表主體縫法，車縫脇線與側袋身。

④ 製作束口布

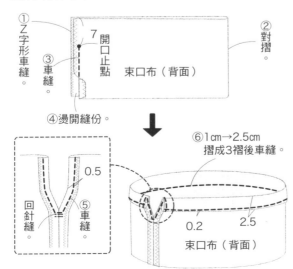

①Z字形車縫。
7
開口止點
③車縫。
束口布（背面）
②對摺。
④燙開縫份。

0.5
回針縫
⑤車縫。
⑥1cm→2.5cm摺成3褶後車縫。
0.2
2.5
束口布（背面）

⑤ 完成

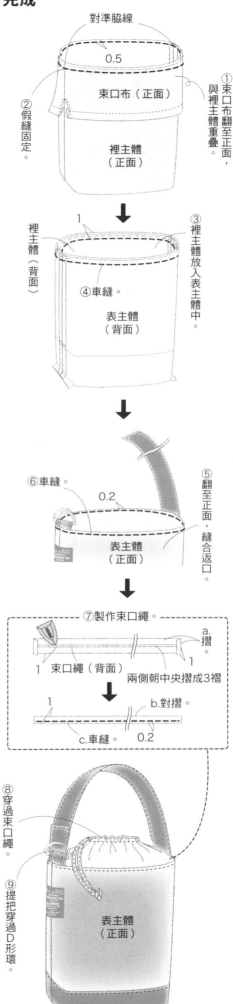

對準脇線
0.5
束口布（正面）
②假縫固定。
裡主體（正面）
①束口布翻至正面，與裡主體重疊。

裡主體（背面）
1
④車縫。
表主體（背面）
③裡主體放入表主體中。

⑥車縫。
0.2
表主體（正面）
⑤翻至正面，縫合返口。

⑦製作束口繩。
a.摺。
1
束口繩（背面）
1
兩側朝中央摺成3褶
b.對摺。
1
c.車縫。
0.2

⑧穿過束口繩。
⑨提把穿過D形環。
表主體（正面）

提籃形托特包S

提籃形托特包M

完成尺寸
寬25cm×高28cm×側身10cm

原寸紙型
B面（只有表‧裡主體）

完成尺寸
寬32cm×高35cm×側身16cm

原寸紙型
B面（只有表‧裡主體）

材料 19

表布（厚織亞麻布）	45cm×75cm
配布（8號酵素洗帆布）	35cm×15cm
裡布（粗棉布）	45cm×75cm
榻榻米滾邊布 幅寬約8cm	70cm
防延展接著帶 寬1.5cm	110cm

材料 20

表布（厚織亞麻布）	55cm×95cm
配布（8號酵素洗帆布）	50cm×50cm
裡布（粗棉布）	50cm×95cm
榻榻米滾邊布 幅寬約8cm	90cm
防延展接著帶 寬1.5cm	150cm

上方數字…19
下方數字…20

裁布圖

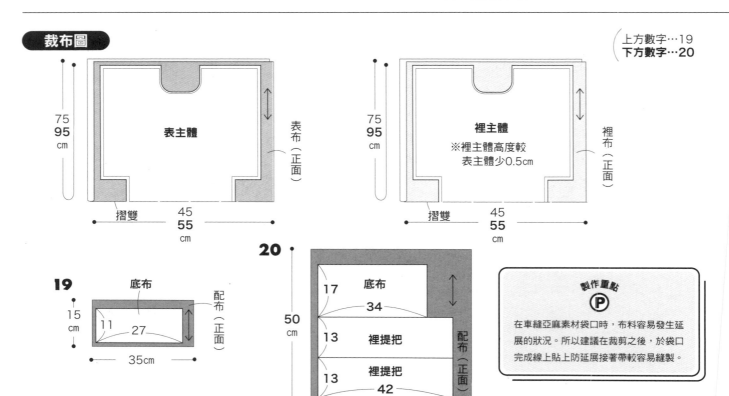

製作重點 Ⓟ

在車縫亞麻素材袋口時，布料容易發生延展的狀況。所以建議在裁剪之後，於袋口完成線上貼上防延展接著帶較容易縫製。

製作順序&完成尺寸

1.縫前準備
2.製作提把
3.縫上底布與提把
4.製作表主體
5.製作裡主體
6.完成

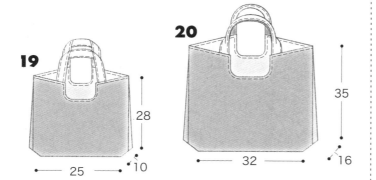

1 縫製前的準備

①表主體袋口完成線
貼上防延展接著帶。

表主體（背面）

※另一側也須貼上防延展接著帶

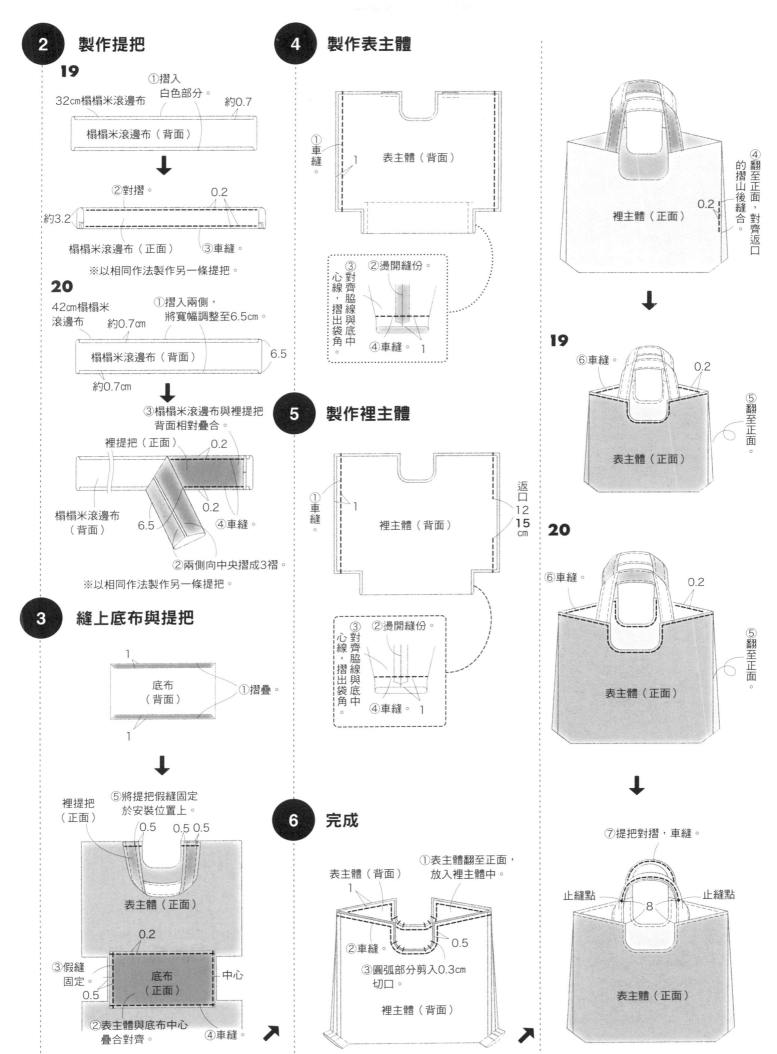

2　製作提把

19

32cm榻榻米滾邊布

①摺入白色部分。

約0.7

榻榻米滾邊布（背面）

②對摺。　　0.2

約3.2

榻榻米滾邊布（正面）　③車縫。

※以相同作法製作另一條提把。

20

42cm榻榻米滾邊布

約0.7cm

①摺入兩側，將寬幅調整至6.5cm。

榻榻米滾邊布（背面）　6.5

約0.7cm

③榻榻米滾邊布與裡提把背面相對疊合。

裡提把（正面）　0.2

榻榻米滾邊布（背面）　0.2　6.5　④車縫。

②兩側向中央摺成3褶。

※以相同作法製作另一條提把。

3　縫上底布與提把

1

底布（背面）　①摺疊。

1

⑤將提把假縫固定於安裝位置上。

裡提把（正面）　0.5　0.5 0.5

表主體（正面）

0.2

③假縫固定。

0.5　底布（正面）　中心

②表主體與底布中心疊合對齊。　④車縫。

4　製作表主體

①車縫。　1

表主體（背面）

③對齊脇線，摺出袋角。　②燙開縫份。

中心線　④車縫。　1

5　製作裡主體

①車縫。　1

裡主體（背面）　返口12│15cm

③對齊脇線，摺出袋角。　②燙開縫份。

中心線　④車縫。　1

6　完成

表主體（背面）　①表主體翻至正面，放入裡主體中。

1

②車縫。　0.5

③圓弧部分剪入0.3cm切口。

裡主體（背面）

④翻至正面，對齊返口的摺山後縫合。

裡主體（正面）　0.2

19

⑥車縫。　0.2

表主體（正面）　⑤翻至正面。

20

⑥車縫。　0.2

表主體（正面）　⑤翻至正面。

⑦提把對摺，車縫。

止縫點　8　止縫點

表主體（正面）

P.36 | **21**

收納包L

- 完成尺寸
  寬33.5cm×高23.5cm×側身2cm
- 原寸紙型
  A面（只有表‧裡翻蓋、
  　　裝飾布A‧B）

P.36 | **22**

收納包S

- 完成尺寸
  寬19cm×高13.5cm×側身2cm
- 原寸紙型
  A面（只有表‧裡翻蓋、
  　　裝飾布A‧B）

材料 21

表布（雙條紋織）	95cm×65cm
配布（棉厚織79號）	65cm×40cm
裡布（棉厚織79號）	45cm×55cm
接著襯（薄）	80cm×50cm
磁釦 18mm	1組

材料 22

表布（雙條紋織）	60cm×45cm
配布（棉厚織79號）	45cm×25cm
裡布（棉厚織79號）	30cm×35cm
接著襯（薄）	55cm×30cm
磁釦 18mm	1組

裁布圖

上方數字…22
下方數字…21
（只有1個數字代表相同）

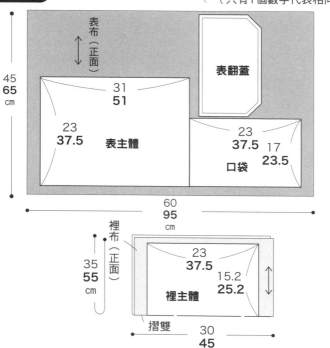

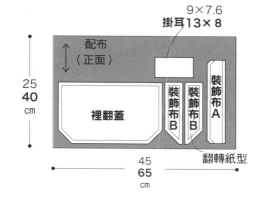

製作重點 P

將翻蓋假固定至主體上時，必須先準確地對齊中心點之後再以假縫固定。中心點跑掉，除了會影響外觀之外，磁釦位置也會偏掉。

製作順序&完成尺寸

1. 縫前準備
2. 製作翻蓋
3. 製作表主體
4. 製作裡主體
5. 縫製側袋身
6. 完成

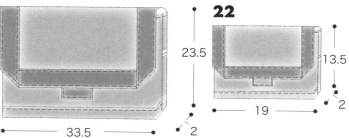

1 縫製前的準備

① ▢ 部分貼上接著襯

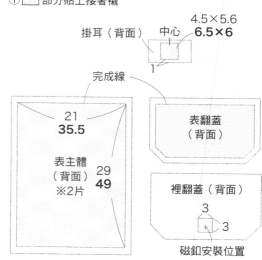

2 製作翻蓋

①兩側朝中央摺成3褶。　②對摺。

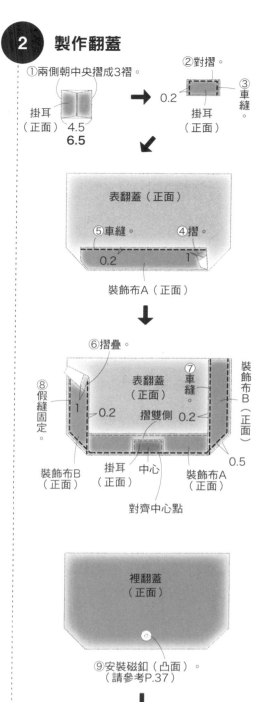

掛耳（正面）　4.5　6.5

0.2

③車縫。　掛耳（正面）

表翻蓋（正面）

⑤車縫。　④摺。

0.2　1

裝飾布A（正面）

⑥摺疊。

⑧假縫固定。

表翻蓋（正面）　⑦車縫。

裝飾布B（正面）

1　0.2　摺雙側　0.2　0.5

裝飾布B（正面）　掛耳（正面）　中心　裝飾布A（正面）

對齊中心點

裡翻蓋（正面）

⑨安裝磁釦（凸面）。（請參考P.37）

表翻蓋（正面）

裡翻蓋（背面）

1

⑩車縫。

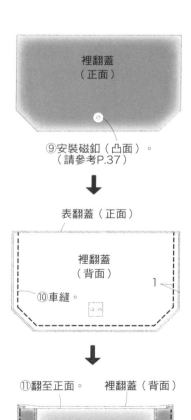

⑪翻至正面。　裡翻蓋（背面）

表翻蓋（正面）

0.2

⑫車縫。　掛耳（正面）

3 製作表主體

①1cm→1cm摺成3褶，車縫。

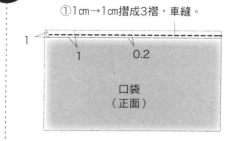

1　0.2

口袋（正面）

中心

表主體（正面）

5　8.5　雙層車縫。

④假縫固定。

口袋（正面）　⑤車縫。

0.5　0.2　1.5

0.2　③車縫。　3　②摺疊　1

7　12.5　⑥安裝磁釦。（凹面）

中心

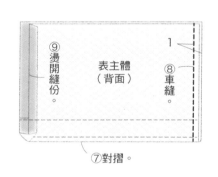

⑨燙開縫份。　表主體（背面）　⑧車縫

⑦對摺。

4 製作裡主體

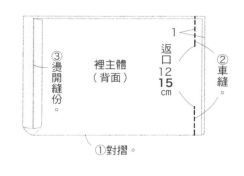

③燙開縫份。　裡主體（背面）　1　返口12　15cm　②車縫

①對摺。

5 縫製側袋身

對齊脇線與底線

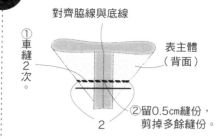

①車縫2次。　表主體（背面）

2　②留0.5cm縫份，剪掉多餘縫份。

※另一側與裡主體也比照處理

6 完成

①對齊表主體與翻蓋中心，假縫固定。

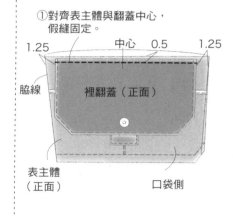

1.25　中心　0.5　1.25

脇線　裡翻蓋（正面）

表主體（正面）　口袋側

②表主體收進內側，進行車縫。

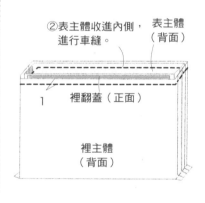

表主體（背面）

1　裡翻蓋（正面）

裡主體（背面）

③翻至正面，縫合返口。

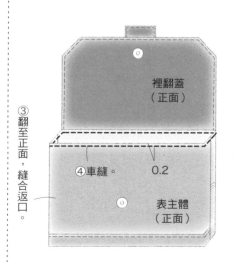

裡翻蓋（正面）

④車縫。　0.2

表主體（正面）

89

水壺袋

完成尺寸
寬6cm×高21cm×側身6cm

原寸紙型
無

材料

表布（11號帆布）	40cm×25cm
裡布（尼龍撥水）	40cm×25cm
配布A（11號帆布）	40cm×10cm
配布B（棉厚織79號）	30cm×15cm
鋁箔紙	40cm×25cm
皮製圓繩 粗1mm	40cm
束口繩釦 15mm	1個
D形環 15mm	2個
手機掛繩	1個

裁布圖

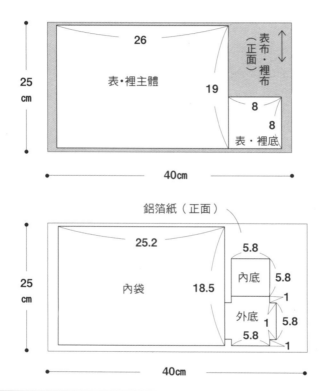

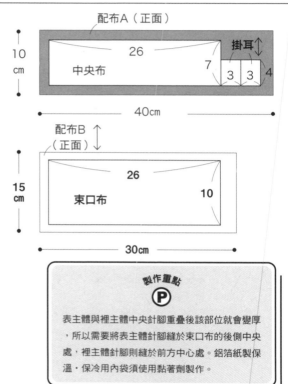

製作重點
Ⓟ
表主體與裡主體中央針腳重疊後該部位就會變厚，所以需要將表主體針腳縫於束口布的後側中央處，裡主體針腳則縫於前方中心處。鋁箔紙製保溫・保冷用內袋須使用黏著劑製作。

製作順序&完成尺寸

1.製作主體
2.縫上掛耳
3.縫上束口布
4.縫合表裡主體
5.製作內袋
6.完成

1 製作主體

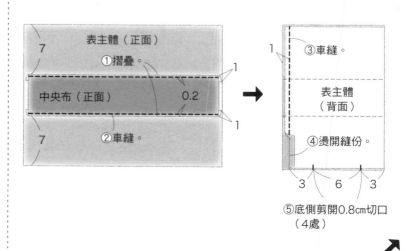

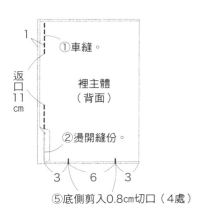

①車縫。
1
返口 11cm
裡主體（背面）
②燙開縫份。
3　6　3
⑤底側剪入0.8cm切口（4處）

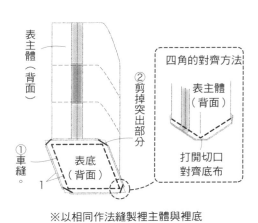

表主體（背面）
②剪掉突出部分
四角的對齊方法
表主體（背面）
打開切口對齊底布
①車縫。
表底（背面）
1
※以相同作法縫製裡主體與裡底

2 縫上掛耳

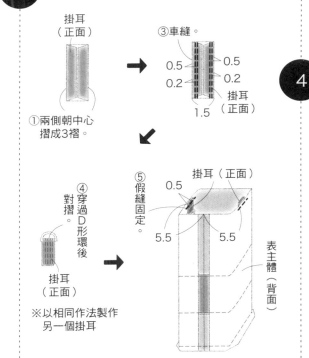

掛耳（正面）
③車縫。
0.5　0.5　0.2
掛耳（正面）
1.5
①兩側朝中心摺成3褶。
④穿過D形環後對摺。
掛耳（正面）
⑤假縫固定。
掛耳（正面）
0.5
5.5　5.5
表主體（背面）
※以相同作法製作另一個掛耳

3 縫上束口布

1
3
①車縫。
止縫點
3
束口布（背面）

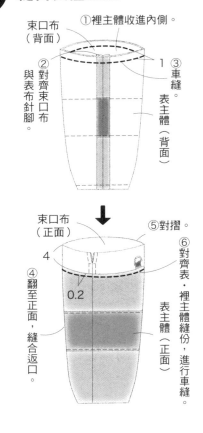

②燙開縫份。
束口布（背面）
0.5
④車縫
0.5
③車縫。
中心　⑥車縫。
⑤對齊束口布縫份與裡主體中心
束口布（背面）
裡主體（正面）
1
⑦束口布翻至正面。
⑧縫份倒向裡主體側
束口布（正面）
裡主體（正面）

4 縫合表裡主體

①裡主體收進內側。
束口布（背面）
②對齊束口布與表布針腳。
③車縫。
1
表主體（背面）
④翻至正面，縫合返口。
束口布（正面）
0.2
4
⑤對摺。
⑥對齊表·裡主體縫份，進行車縫。
表主體（正面）

5 製作內袋

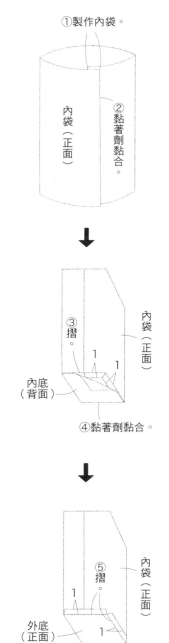

①製作內袋。
內袋（正面）
②黏著劑黏合。
③摺
1　1
內袋（正面）
內底（背面）
④黏著劑黏合。
⑤摺
1
內袋（正面）
外底（正面）
1
⑥黏著劑黏合。

6 完成

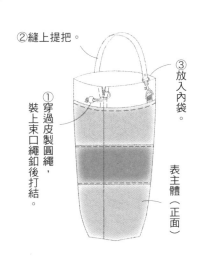

②縫上提把。
①穿過皮製圓繩，裝上束口繩釦後打結
③放入內袋。
表主體（正面）

P.39 | **24**　　P.39 | **25**

直立長形束口袋　　橫寬形束口袋

完成尺寸
寬22cm×高36cm×側身14cm

原寸紙型
無

完成尺寸
寬22cm×高28cm×側身14cm

原寸紙型
無

材料 24

表布（條紋亞麻帆布）	60cm×110cm
配布（棉厚織79號）	90cm×10cm
圓繩 粗0.6cm	160cm
兩褶子母帶 寬2cm	35cm

材料 25

表布（條紋亞麻帆布）	60cm×90cm
配布（棉厚織79號）	90cm×10cm
圓繩 粗0.6cm	160cm
兩褶子母帶 寬2cm	35cm

裁布圖

上方數字…25
下方數字…24
（只有1個數字代表相同）

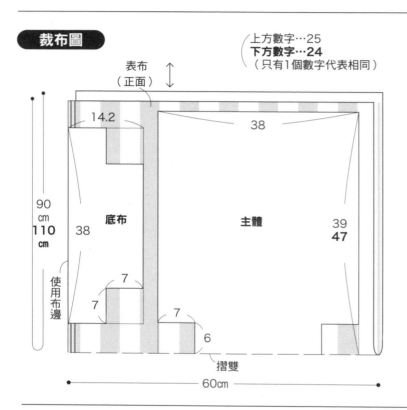

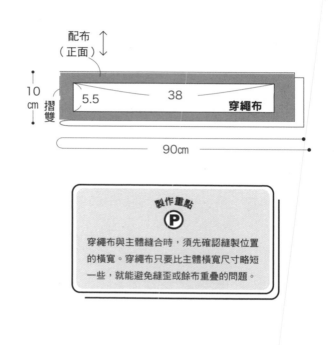

製作重點 P

穿繩布與主體縫合時，須先確認縫製位置的橫寬。穿繩布只要比主體橫寬尺寸略短一些，就能避免縫歪或餘布重疊的問題。

製作順序＆完成尺寸

1. 製作底布
2. 製作主體
3. 完成

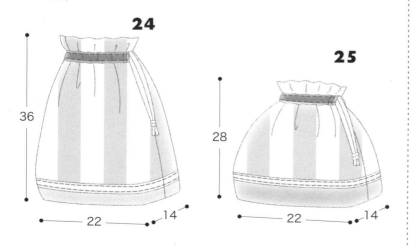

1 製作底布

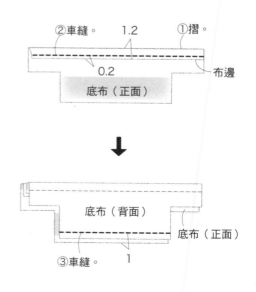

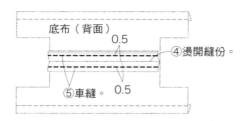

底布（背面）
0.5
④燙開縫份。
⑤車縫。 0.5

2. 製作主體

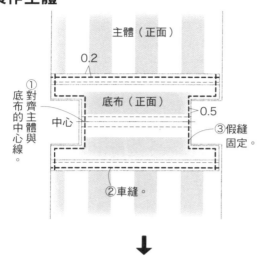

主體（正面）
0.2
①對齊主體與底布的中心線。
底布（正面）
中心 0.5
②車縫。
③假縫固定。

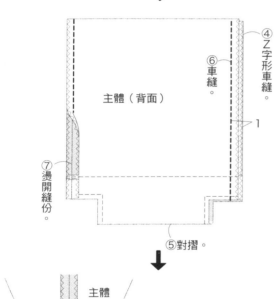

主體（背面）
⑥車縫。
④Z字形車縫。
⑦燙開縫份。
1
⑤對摺。

主體（背面）
⑧對齊脇線與底中心線，摺出橫寬後進行車縫。
1

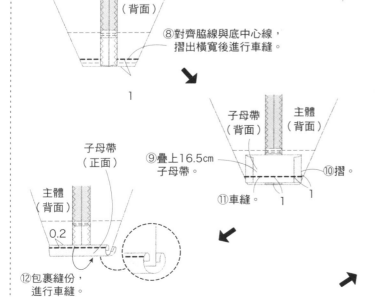

子母帶（背面）
主體（背面）
⑨疊上16.5cm子母帶。
⑩摺。
⑪車縫。
1 1

子母帶（正面）
主體（背面）
0.2
⑫包裹縫份，進行車縫。

⑬1cm→3cm摺成3褶後進行車縫。

0.2
主體（背面）

3. 完成

①摺疊。
1
穿繩布（背面）

③車縫。
0.2
0.8
穿繩布（背面）
1
②摺疊。

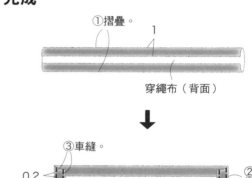

⑤車縫。 2.5 0.2
穿繩口
穿繩布（正面）
0.2
④翻至正面。
主體（正面）

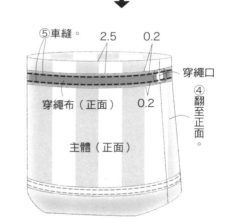

穿繩方法
80cm×2條

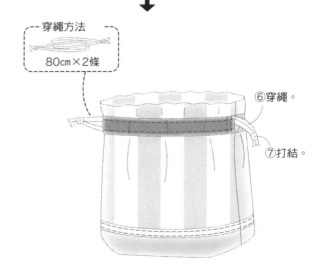

⑥穿繩。
⑦打結。

P.40 | **26**
杯狀手拿包L

- 完成尺寸
  寬約18cm×高14.5cm
- 原寸紙型
  B面（只有表・裡主體）

P.40 | **27**
杯狀手拿包M

- 完成尺寸
  寬約14cm×高11cm
- 原寸紙型
  B面（只有表・裡主體）

P.40 | **28**
杯狀手拿包S

- 完成尺寸
  寬約9.5cm×高8cm
- 原寸紙型
  B面（只有表・裡主體）

材料 26
表布（雙色刺子繡圖樣）·················	45cm×30cm
配布（棉厚織79號）····················	45cm×30cm

材料 27
表布（雙色刺子繡圖樣）·················	35cm×20cm
配布（棉厚織79號）····················	35cm×20cm

材料 28
表布（雙色刺子繡圖樣）·················	25cm×15cm
配布（棉厚織79號）····················	25cm×15cm

26～28相同
配布（棉直條紋）······················	15cm×5cm
接著襯（薄）·························	15cm×5cm
編織拉鍊 20cm ························	1條

裁布圖

上方數字…28
中間數字…27
下方數字…26
（只有1個數字代表相同）

表・裡布（正面）
※表・裡布裁成相同尺寸

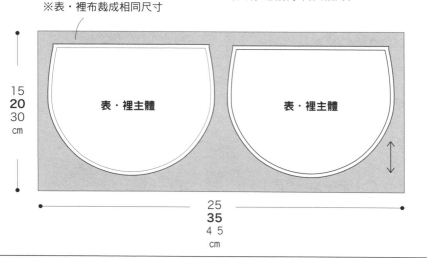

15
20
30
cm

表・裡主體

表・裡主體

25
35
4 5
cm

配布（正面）

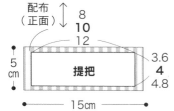

8
10
12

5
cm

提把

3.6
4
4.8

15cm

製作重點
P
編織拉鍊可自行調整長度，非常方便。只要在所需長度的位置處來回車縫數次製作止線，於止線外側多留1cm再剪掉多餘部分即可使用。

製作順序＆完成尺寸

1.調整拉鍊長度
2.製作提把
3.縫上拉鍊
4.完成

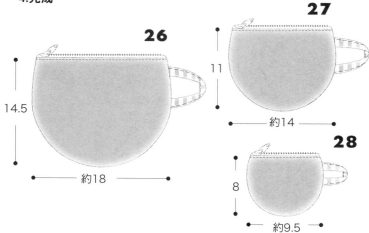

26

14.5

約18

27

11

約14

28

8

約9.5

1 調整拉鍊長度

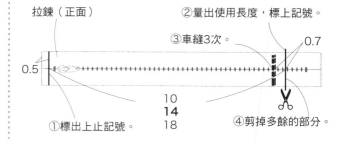

拉鍊（正面）

②量出使用長度，標上記號。

③車縫3次。

0.7

0.5

①標出上止記號。

10
14
18

④剪掉多餘的部分。

94

② 製作提把

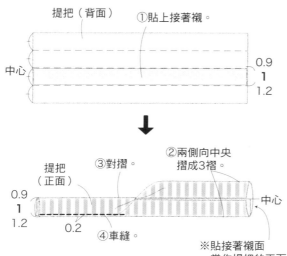

提把（背面） ①貼上接著襯。

中心
0.9
1
1.2

提把（正面）
0.9
1
1.2
0.2
③對摺。
②兩側向中央摺成3褶。
④車縫。
中心
※貼接著襯面當作提把的正面

③ 縫上拉鍊

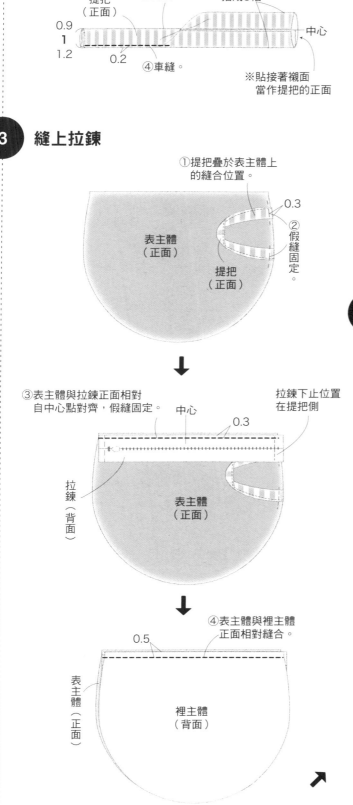

①提把疊於表主體上的縫合位置。
0.3
表主體（正面）
②假縫固定。
提把（正面）

③表主體與拉鍊正面相對自中心點對齊，假縫固定。
中心
拉鍊下止位置在提把側
0.3
拉鍊（背面）
表主體（正面）

④表主體與裡主體正面相對縫合。
0.5
表主體（正面）
裡主體（背面）

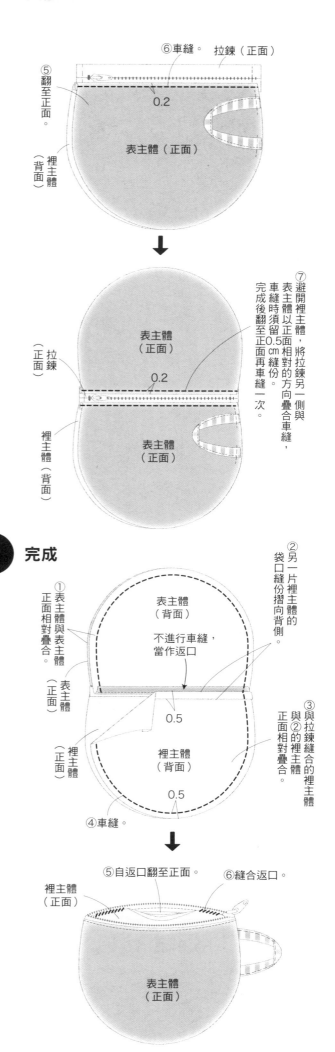

⑥車縫。 拉鍊（正面）
⑤翻至正面。
0.2
表主體（正面）
裡主體（背面）

⑦避開裡主體，將表主體以正面相對的方向疊合車縫，車縫時須留0.5㎝縫份。完成後翻至正面再車縫一次。

（正面）拉鍊
表主體（正面）
0.2
表主體（正面）
裡主體（背面）

④ 完成

②另一片裡主體的袋口縫份摺向背側。

①表主體與表主體正面相對疊合。
表主體（背面）
不進行車縫，當作返口
0.5
表主體（正面）
裡主體（背面）
0.5
④車縫。
③與②拉鍊縫合的裡主體正面相對疊合。
裡主體（正面）

⑤自返口翻至正面。 ⑥縫合返口。
裡主體（正面）
表主體（正面）

國家圖書館出版品預行編目資料

赤峰清香のHAPPY BAGS：簡單就是態度!百搭實用
的每日提袋&收納包 / 赤峰清香著；劉好殊譯.
-- 初版. -- 新北市：雅書堂文化, 2019.05
　面；　公分. -- (FUN手作；132)
ISBN 978-986-302-485-9(平裝)

1.手提袋 2.手工藝

426.7　　　　　　　　　108003901

【FUN手作】132

赤峰清香のHAPPY BAGS：
簡單就是態度！百搭實用的每日提袋＆收納包

作　　者／赤峰清香
譯　　者／劉好殊
發 行 人／詹慶和
總 編 輯／蔡麗玲
執行編輯／黃璟安
編　　輯／蔡毓玲・劉蕙寧・陳姿伶・李宛真・陳昕儀
執行美編／陳麗娜
美術編輯／周盈汝・韓欣恬
內頁排版／造極彩色印刷製版
出 版 者／雅書堂文化事業有限公司
發 行 者／雅書堂文化事業有限公司
郵政劃撥帳號／18225950
郵政劃撥戶名／雅書堂文化事業有限公司
地　　址／220新北市板橋區板新路206號3樓
電　　話／(02)8952-4078
傳　　真／(02)8952-4084
網　　址／www.elegantbooks.com.tw
電子郵件／elegant.books@msa.hinet.net

2019年5月初版一刷　定價450元

Lady Boutique Series No.4580
MAINICHI TSUKAITAI BAG&POUCH
© 2018 Boutique-sha, Inc.
All rights reserved.
Original Japanese edition published in Japan by BOUTIQUE-SHA.
Chinese (in complex character) translation rights arranged with BOUTIQUE-SHA
through Keio Cultural Enterprise Co., Ltd., New Taipei City, Taiwan.

經銷／易可數位行銷股份有限公司
地址／新北市新店區寶橋路235巷6弄3號5樓
電話／(02)8911-0825
傳真／(02)8911-0801

赤峰清香

日本文化女子大學服裝學科畢業。
曾於時裝業界擔任過包包、飾品的企劃・設計，目前
為自由設計師。
除了提供書籍、雜誌範例作品之外，現也為手作坊與
VOGUE 學圓東京校、橫濱校的講師。著有《長期愛
用大人包包與小物（暫譯）》（日本 VOGUE 社）等。
http://www.akamine-sayaka.com

STAFF

攝影·······················回里純子
造型·······················西森 萌
妝髮·······················タニジュンコ
模特兒·····················プリシラ
設計·······················みうらしゅう子
編輯·······················根本さやか
　　　　　　　　　　　　　　渡辺千帆里
編輯協力···················竹林里和子
作法繪圖···················飯沼千晶
　　　　　　　　　　　　　　爲季法子
　　　　　　　　　　　　　　長浜恭子
　　　　　　　　　　　　　　宮路睦子
校對·······················澤井清絵

材料協力

川島商事株式會社 http://www.e-ktc.co.jp/textile
株式会社ショーワ http://www.showatex.co.jp
倉敷帆布（株式会社バイストン）https://store.kurashikihampu.co.jp/
株式会社フジックス http://www.fjx.co.jp/
株式会社ホームクラフト http://homecraft.co.jp/
清原株式会社 https://www.kiyohara.co.jp/
やきもの工房・京千 http://sentosen.net/
サンオリーブ株式会社 http://www.sunolive.co.jp
INAZUMA（植村株式会社）http://www.inazuma.biz/
FLAT（髙田織物株式会社）http://www.ohmiyaberi.co.jp
蛇の目ミシン工業株式会社 http://www.janome.co.jp/

家用縫紉機就上手的20個 手作包提案

★詳細圖解帆布基礎 新手製作帆布包必收知識大公開！

★超圖解帆布包製作 彩色圖解詳細教學，一步一步實作OK！

永遠不退流行的經典手作包，非「帆布包」莫屬！

不僅具有耐用實用的優點，也是日常衣著的最好穿搭神器！

本書收錄20款經典簡約又極具時尚設計感的手作帆布包，耐看的條紋、素色、點點等布料，

無論是作成素色款的俐落風格，或是以自己喜好的顏色搭配，混搭出撞色的鮮明布調，

加上簡單的金屬配件、釦子，並製作簡易的口袋，增加袋物的實用度及設計趣味，

不強調過度花俏的配置，但能夠讓人一眼就愛上，這就是帆布包引人入勝的最大魅力。

大容量托特包、出門便利的肩背包、旅行最愛的後背包、小巧輕便的波奇包，

選用帆布材質來製作，都是很棒的定番單品，擁有文青氣質的您，一定要試著作看看喔！

內附
紙型

從零開始的創意小物

簡單時尚：有型有款の手作帆布包

日本 VOGUE 社◎授權

定價 420 元

平裝 80 頁／彩色＋單色／ 19×26cm

Bags & Pouches for Happy Everyday